无线网络资源优化的免疫算法理论及实现

朱思峰　柴争义　著

科学出版社

北　京

内 容 简 介

本书内容涉及无线通信领域与智能计算领域,主要关注认知无线电网络、异构网络融合场景下的资源分配优化问题,提高频谱资源利用率、解决静态网络模式与动态需求之间的矛盾。本书主要介绍无线通信网络资源联合优化分配的基本方法与关键技术,包括:建立不同无线资源的优化分配模型及相应的智能优化算法;构建联合无线资源优化的理论架构与技术体系;设计异构网络融合场景下的联合式基站选址优化模型、基站导频功率优化模型、联合会话接入控制多目标优化模型、垂直切换判决模型、基于免疫优化的认知无线电频谱分配、认知引擎决策、子载波资源分配和功率分配以及联合资源分配方案。

本书可以作为高等院校通信专业高年级本科生和研究生的教材,也可供从事网络优化和通信网络资源优化的工程技术人员参考。

图书在版编目(CIP)数据

无线网络资源优化的免疫算法理论及实现/朱思峰,柴争义著. —北京:科学出版社,2015.
　ISBN 978-7-03-043890-4

Ⅰ.①无… Ⅱ.①朱…②柴 Ⅲ.①无线网－资源优化－算法理论－研究 Ⅳ.①TN92

中国版本图书馆 CIP 数据核字(2015)第 055180 号

责任编辑:王 哲 董素芹 / 责任校对:郭瑞芝
责任印制:徐晓晨 / 封面设计:迷底书装

科 学 出 版 社 出版
北京东黄城根北街 16 号
邮政编码:100717
http://www.sciencep.com

北京科印技术咨询服务公司 印刷
科学出版社发行　各地新华书店经销

*

2015 年 5 月第 一 版　开本:720×1 000 1/16
2018 年 5 月第三次印刷　印张:11 1/4
字数:214 000
定价:72.00元
(如有印装质量问题,我社负责调换)

前　言

　　无线通信系统是一种资源受限的系统。随着无线业务的需求日趋增多，无线资源短缺的问题日益突出，如基站站址资源、频谱资源、码资源、功率资源、带宽资源等。如何有效地利用有限的无线资源来满足日益增长的业务需求，已经成为国内外研究者共同关注的问题。一方面，通过采用先进的通信技术来提高通信系统的容量和质量；另一方面，通过对无线通信网络的资源进行优化来提高资源的利用率，充分利用可用的无线资源。

　　无线通信网络的资源优化问题就是在资源给定的前提下寻找最好的分配方案，从而使资源消耗最小且收益最大，这些问题经过建模后都成为最优化问题。并且，由于无线通信网络优化问题涉及的参数众多，经数学建模后多数为非凸约束优化问题。智能计算方法已经被证明为求解此类问题的有效方法，表现出较好的性能。人工免疫算法是一种受生物免疫系统启发的智能优化算法，具有提供新颖的解决问题的潜力，已经在工程优化领域显示出优越的性能。本书主要将免疫克隆算法用于无线网络中的资源优化问题，对人工免疫算法在工程领域的应用进行了积极探索。

　　本书是对作者从事无线网络资源优化领域前沿研究成果的梳理与总结，较为深入地阐述了免疫优化算法在无线网络资源优化中的应用和性能分析。本书针对不同网络场景，将不同类型的无线网络资源分配问题建模成各种优化模型，并设计出相应的免疫优化算法和混合优化算法进行求解，对模型性能、算法收敛性、资源分配优化性能等逐一加以分析和讨论。内容取材于作者近期在国际、国内学术会议、期刊发表的论文，包括基站选址优化、频谱资源优化、认知引擎参数优化、基站导频功率优化、联合会话接纳控制、垂直切换判决、负载均衡、子载波和功率资源的分配等。

　　本书坚持学术性和应用性相结合的原则，在阐述工程优化问题时，一方面侧重方法论，阐述常用的优化方法；另一方面，以案例式讲解利用智能方法对资源优化问题的建模过程，使读者掌握具体的应用技能。本书的鲜明特色是把理论和实践融合在一起，以"理论及方法探索→建立问题模型→求解模型，给出优化方案→评估方案→根据反馈信息修正模型"的方式展示技术方案。在讲解过程中，遵从了"用理论来指导实践，用实践来丰富理论"的科研规律，读者在阅读本书时，可以一边学习理论，一边在实验室进行案例仿真实验。

　　本书由周口师范学院朱思峰撰写第 1 章～第 5 章，天津工业大学柴争义撰写第 6 章～第 10 章。在本书撰写过程中，参考了国内外同行的最新研究成果，在此向他们表示衷心的感谢。

　　本书的研究工作得到了国家自然科学基金项目（U1204618）、河南省高校科技创新人才支持计划项目（13HASTIT041）、泛网无线通信教育部重点实验室（北京邮电大学）开放课题（2013-FFKT01）、周口师范学院学术技术带头人专项基金的资助，在此表示深深的谢意！

　　由于作者水平有限，加之成书时间仓促，书中难免存在不足之处，恳请业界专家、学者和读者批评指正。

作　者

2015 年 3 月

目　　录

第 1 章 绪 论

1.1 无线通信网络资源优化问题

随着无线通信系统的迅速发展和技术的不断进步，越来越多的人能够享受到无线通信带来的便捷。无线业务的需求日趋增多，然而无线资源却日渐短缺[1]。无线通信系统是一种资源受限的系统，无线网络资源（如基站（Base Station，BS）站址资源、频谱资源、码资源、功率资源、带宽资源等）日渐短缺[2]。如何有效地利用有限的无线资源来满足日益增长的业务需求，已经成为国内外研究者共同关注的问题。无线资源管理是无线通信网络的一个重要研究内容。通过对无线通信网络的资源进行优化，可以提高无线网络资源的利用率和性能。一方面，通过采用先进的通信技术来提高通信系统的容量和质量；另一方面，通过对资源进行优化来提高资源的利用率，充分利用可用的无线资源[3, 4]。

1.2 无线网络资源优化的主要内容

无线网络资源是一个非常广的范围，其内容包括基站选址、接纳控制、功率控制、负载控制、频谱分配、资源分配和分组调度策略等[5, 6]。本书主要关注三方面的内容：基站的选址和导频功率优化问题；异构网络的会话接纳选择控制和垂直切换判决问题；认知无线网络中的频谱决策和资源分配问题。

1.2.1 基站选址和导频功率优化问题

移动通信网络基站是无线电台站的一种形式，它是一种能在有限的无线电覆盖区中，通过移动通信交换中心，与移动电话终端之间进行信息传递的无线电收发电台。基站是移动通信中组成蜂窝小区的基本单元，完成移动通信网和移动通信用户之间的通信和管理功能[7, 8]。广义的通信基站是基站子系统（Base Station Subsystem，BSS）的简称。基站是移动通信网络的基础设施。

1）基站选址问题

在移动通信网络中，基站站址部署的好坏将直接影响无线网络性能和今后网络的发展。同时，对于工程建设，基站站址选择是否科学合理、能否获取合理的站点物业也将直接影响到工程建设进度、工程建设难度和工程建设投资。因此无线基站选址在网络建设中的作用相当重要[9, 10]。

3G 通信网络时代后期，为了提升网络的覆盖性能，扩建了大量的基站，使得基站的分布较为稠密，可用站址资源日趋紧缺。4G 通信网络系统迅猛的发展使得网络基站的分布更加稠密，再加上人们环保意识的增强（因担心辐射问题而反对在房屋附近建基站），使得新基站的勘察和建设非常困难，基站站址资源成为一类非常稀缺的资源。随着通信业务需求的剧增，为了满足用户日益增长的应用需求而新增基站，将面临着巨大的站址选择困难[11]。

移动通信基站的建设是移动通信运营商投资的重要部分，在无线基站建设中，必须考虑地形条件、道路交通状况、居民地分布情况等信息，根据掌握的相关信息选择最合适的位置建设基站。基站选址对整个无线网络的质量和发展有着重要的影响，因此在选址时应全面考虑覆盖面、通话质量、投资效益、建设难易、维护方便等要素。基站选址优化是无线通信网络优化的一个重要内容，即在考虑信号质量、建设代价、覆盖约束和其他网络参数的情况下，从大量的候选基站站址中选择极少的最佳候选站址作为要建基站的位置，其目标是用较低的基站建设代价来获得一个高覆盖率的网络[12-14]。

2）基站导频功率优化问题

导频技术可以有效地提高不同载频之间切换的成功率，在网络优化中广泛应用，比较常用的是伪导频，实现方式有基站自提供方式、纯导频方式、易频方式。导频信道使得用户终端能够获得前向码分多址信道时限，提供相干解调相位参考，并且为各基站提供信号强度比较手段，从而确定何时进行切换[15]。

在无线通信网络中，基站通过公共导频信道（Common Pilot Channel，CPICH）宣布自己的存在。导频功率是下行功率的一部分，与其他下行信道共同分享下行功率。由于发射机的功率是额定的，所以，导频功率占的比例大了，就会减少其他下行信道的功率，它们所支持的业务量就会受影响而减少。导频功率大一些的好处是覆盖区域会大，小一些的好处是支持的业务能力大。若采用统一化导频功率配置方式，即所有小区使用相同的导频功率，从功率消耗的角度看，这种导频功率配置方式使得网络系统性能变得很差。

另外，统一化导频功率配置还会导致较大的网络总干扰、较大的超载小区面积和导频污染[16, 17]。因此，优化导频功率对提高网络服务性能具有重要意义。

较为合理的导频功率配置方式，应考虑各个小区的不同需求，为每个小区基站配置不同的导频功率。在一个网络中人为地找到一个最优的导频功率配置方案是一件困难的事情，尤其是在一个大型通信网络中。导频功率优化配置问题就是综合考虑各个小区的不同特征，对所有小区基站的导频功率进行优化配置，以满足整个接入网络覆盖区域和业务支持能力的需求。

1.2.2 异构网络的联合会话接纳选择控制和垂直切换判决问题

目前的无线通信网络中，既有以宽带码分多址（Wideband Code Division Multiple

Access,WCDMA）、码分多址 2000 版（Code Division Multiple Access 2000,CDMA 2000）和时分同步码分多址（Time Division Synchronous Code Division Multiple Access,TD-SCDMA）为代表的 3G 移动通信系统，又有正在逐步推广的 4G 移动通信系统，还有以 IEEE 802.11a/b/g、HiperLan/2、WiMAX（IEEE 802.16e）为代表的无线局域网/城域网（WLAN/WMAN）。由于各个系统所采用的无线接入技术（Radio Access Technology，RAT）不同，网络的接纳方式、管理架构和业务支撑方面均有所不同，从而构成了异构无线网络（heterogeneous wireless network）[18]。

无线通信网络的发展趋势不是建设一个崭新的、功能完善的网络，而是考虑如何将已经存在的网络与将要部署的网络有效地融合在一起，使其相互协调以保持移动终端在多种无线网络之间通信的连续性。目前，每种无线接入技术在容量、覆盖、数据速率和移动性支持能力等方面各有长短，任何一种无线接入技术都不可能满足所有用户的要求[19]。随着已有的无线接入技术向高级阶段演进，新型无线接入技术不断出现，它们之间相互补充、相互融合。未来移动通信网络的主要特征之一就是各种异构无线网络共存，它们相互补充、无缝集成到统一的网络环境中[20]。

1）联合会话接纳选择

移动终端将拥有多个无线接口，具有接入不同网络的能力。但如何使用户会话接入最合适的接入网络？这是异构无线网络联合会话接纳控制要研究的主要问题。接纳控制是无线资源管理的重要功能，也是通信网络研究的热点问题之一。接纳控制技术实际上是一种预防性的流量控制手段，能有效地防止网络拥塞，并可提供一定的服务质量保证[21]。

同构网络中接纳控制用于决定一个呼叫是被接纳还是被拒绝。接纳的准则是：若在接受一个呼叫请求后，既能提供足够的资源用以保证该用户的服务质量（Quality of Service，QoS），又不影响现有用户的 QoS，则接纳该呼叫请求。异构无线网络中的会话接纳控制是针对异构无线通信系统的一种宏观资源管理，其目的是使用户业务在各个网络中合理分布，以削弱用户会话在时域（时间上）分布和空域（空间上）分布上的不均衡对异构系统所产生的不良影响，从而使负载尽可能地在各个无线网络中均衡分布[22]。

在公共无线资源管理（General Wireless Resource Management，GWRM）的概念中，联合会话接纳控制模块负责处理新到的会话请求，根据请求的业务类型、各个网络的性能状态以及用户和网络运营商的策略偏好等，决定是否接受和接入哪一个网络，即完成接入网络选择的过程[23]。

接入网络选择，就是在用户呼叫发起时刻或呼叫过程中，在考虑各个接入网络状态、移动终端状态、用户偏好等因素的基础上，通过一定的算法来保证把用户呼叫接入最佳接入网络中。其中，"最佳"的定义是由接入网络选择的获益与付出的代价共同构成的[24]。接入选择算法根据收集的网络状态、终端状态、业务需求、用户需求等信息，通过计算在需求信息和状态信息之间的最佳匹配，完成网络选择过程并给出选择结果。

无线资源管理功能由本地无线资源管理模块和联合无线资源管理模块两部分组成。本地无线资源管理模块负责管理同一个无线接入网络内部的资源分配。联合无线资源管理模块负责管理多个异构无线接入网络之间的无线资源分配。联合会话接纳控制属于联合无线资源管理的一个重要研究内容，其功能是把用户呼叫合理地分配到不同的接入网络中，从而实现整个异构网络系统的负载均衡。由此可见，联合会话接纳控制是提高接纳带宽资源利用率的有效手段，也是实现不同无线接纳网络之间负载均衡的有效途径。

2）异构网络的垂直切换判决

切换（handoff, handover）又称越区切换、过区切换，是指在移动通信的过程中，在保证通信不间断的前提下，把移动台（又称移动终端）通信的信道从一个无线信道转换到另一个无线信道的过程。切换是移动通信系统不可缺少的重要功能。切换可以优化无线资源（频率、时隙、码）的使用，还可以及时减小移动台的功率消耗和对全局的干扰电平的限制。

移动台在相同通信系统的基站（扇区、信道）之间的切换称为水平切换（horizontal handoff）。水平切换包括硬切换（hard handoff）、软切换（soft handoff）和接力切换（relay handoff）等[25]。硬切换是在不同频率的基站或覆盖小区之间的切换。硬切换过程为：移动台先中断与原基站的联系，调谐到新的频率上，再与新基站取得联系，在切换过程中可能会发生通信短时中断。早期的全球移动通信系统（Global System for Mobile Communications，GSM）使用了硬切换方式。软切换是发生在同一频率的两个不同基站之间的切换。在码分多址移动通信系统中，采用的就是这种软切换方式。在软切换过程中，两条链路和相对应的两个数据流在一个相对较长的时间内被同时激活，一直到进入新基站并测量到新基站的传输质量满足指标要求后，才断开与原基站的连接。软切换主要用于 CDMA 系统中[26]。接力切换是一种基于智能天线的切换方案。接力切换利用精确的定位技术，在对移动台的距离和方位进行定位的基础上，将移动台的方位和距离作为辅助信息来判断移动台是否移动到了可进行切换的相邻基站临近区域。如果移动台进入这个切换区，则无线网络控制器通知该基站做好切换的准备，从而实现快速、可靠和高效切换。这样既节省信道资源、简化信令、减少系统负荷，也适应不同频率小区之间的切换。在 TD-SCDMA 标准（第三代移动通信标准之一）中采用了接力切换。

移动台在不同通信系统的基站（扇区、信道）之间的切换就称为垂直切换（vertical handoff）[27]。异构无线通信系统的特征是多种无线接入技术并存、相互补充。不同的接入技术在带宽、传输时延、覆盖范围和移动性支持能力等方面存在差异，没有一种单一的无线网络能够同时满足广覆盖、低时延、高带宽、低成本等要求，无线网络间的互通和融合成为必然。异构无线网络融合的场景对切换控制的设计提出了新的挑战[28]。在异构网络融合场景下，不同的接入技术在接收信号强度方面不具有可比性，水平切换机制所采用的基于接收信号强度的切换策略不适合垂直切换。垂直切换是异构无线网络融合的基础，因此需要针对异构网络环境的特点对垂直切换进行深入的研究[29]。

垂直切换与水平切换有着本质的不同。水平切换大多发生在两个小区的边缘，由于原小区的信号质量下降，为了防止通话中断而切换至另一个临近的小区中。而垂直切换的存在意义不仅是网络的"延伸"，还在于如何使用户总是处于"最优"的网络中，从而为用户带来更好的网络使用体验。可能一个用户可以同时处于两个信号质量都很好的网络中，如何使用户选择最佳网络便是垂直切换的一个任务[30]。传统的水平切换大多通过信号质量作为基本参数来进行切换判决，而垂直切换需要根据许多参数，如信号强度、终端移动速度、正在进行的业务、网络的 QoS、带宽等从整体上进行平衡，根据一定的算法，使用户的满意度最大。

垂直切换是保证无线业务在异构网络环境下连续性的有效手段，同时也是调整各个无线接入网络负载分布的有效方法。垂直切换分为 3 个阶段，即网络发现、切换判决和切换执行。垂直切换判决问题就是，在切换判决阶段，利用切换判决算法从多种候选接入网络中选出最合适的目标网络[31]。

1.2.3　认知无线网络中的资源分配问题

由于无线通信网络和各种无线电技术的快速发展和广泛应用，无线频谱资源稀缺的问题日益突出[32]。在目前的静态无线频谱资源分配模式下，资源短缺和浪费共存。认知无线电是一种智能的频谱共享技术，其核心思想是在不影响授权用户（也称为主用户）正常通信的情况下，非授权用户（也称为次用户）可以机会接入空闲频谱，提高频谱资源的利用率。认知无线网络的主要特点是频谱资源通过"频谱机会"进行接入[33]。由于获得的频谱资源具有异质性和时变性，所以需要通过先进的无线资源管理技术对频谱资源进行有效管理。无线资源管理围绕频谱的有效利用展开，主要包括频谱决策、频谱分配、功率控制、资源调度等[34, 35]。无线资源管理是认知无线网络中的重要一环，是认知无线网络提供可靠通信服务的关键。认知无线网络中，可用频谱、网络结构和用户需求都是动态变化的。此外，授权用户对频谱的使用具有绝对的优先权，即认知用户对授权用户是透明的。所有这些特点都对频谱分配等无线资源管理算法提出了更高的要求。

1）认知无线网络中的频谱分配问题

频谱分配主要研究如何对感知到的频谱资源进行优化分配。由于频谱资源有限，不同的次用户需要竞争使用这些资源，如何分配资源才能得到最大的收益以及如何保证次用户的服务质量需求都是值得研究的问题。

目前，频谱分配技术的分类有多种。按频谱接入分类，可以分为完全受限频谱分配和部分受限频谱分配；按网络结构分类，可以分为集中式频谱分配和分布式频谱分配；按合作方式分类，可分为合作式频谱分配和非合作式频谱分配[36, 37]。文献[38]对频谱分配问题进行了详细介绍。这些分配机制经常需要联合起来考虑，针对特定的系统模型或具体的应用场景提出具体的解决方案，如集中式完全受限频谱分配、基于合作的分布式完全受限频谱分配。相比之下，每个认知用户都执行分配算法的分布式频谱分配技术，更适合于认知无线网络中空闲频谱时变的环境。因此，本书主要研究基于合作的分布式完全受限频谱分配算法，主要基于图着色模型实现。

2）认知无线网络中的频谱决策问题

频谱决策是认知无线网络中无线资源管理的主要研究内容之一，是接入控制和频谱分配的基本前提。其目标是在频谱分析过程中得到的各种可用特征参数的基础上，根据当前认知用户的传输需求，从中优化选择合适的工作频谱[39]。

根据优化方式关注的用户范围不同，可以分为本地频谱决策和全局频谱决策；根据网络结构，可分为集中式频谱决策和分布式频谱决策；根据认知用户之间是否采用公共控制信道，可分为无公共控制信道频谱决策和有控制信道的频谱决策。本地频谱决策一般针对单个认知用户的优化目标进行，一般适用于非合作频谱决策方式，而全局频谱决策通过合作频谱决策实现。分布式频谱决策中的每个认知节点可以看成拥有独立认知引擎的节点[40, 41]，因此，基于认知引擎的集中式频谱决策得到了更为广泛的关注，其中基于 IEEE 802.22 标准的 WRAN（Wireless Regional Area Network）使用空闲的广播电视信道提供宽带接入，是目前最为典型的认知无线网络之一。本书关注集中式网络结构下的认知无线网络频谱决策问题。

3）认知无线网络中的正交频分复用资源分配问题

认知无线网络中，使用机会频谱接入时，物理层传输技术是一个关键技术[42]。正交频分复用（Orthogonal Frequency Division Multiplexing，OFDM）技术由于其自身的优势，成为认知无线网络传输技术的一个主流技术。如何对认知多用户 OFDM 系统中的子载波和功率进行分配，最大化系统总的吞吐量，以提高频谱利用率，是一个值得研究的问题[43]。

在认知无线网络中，最重要的是对资源从不同角度进行理解和划分，如对空间域、时间域、频率域进行多重复用，进而根据不同的环境变化和用户需求，提高对资源的利用率，达到增加系统容量的目的。OFDM 技术是认知无线网络传输层的主要实现技术之一。认知 OFDM 资源分配技术主要有基于 OFDM 的子载波分配技术、功率控制技术、联合资源分配技术等[44, 45]。

（1）基于 OFDM 的子载波分配技术。认知 OFDM 网络中，当感知到可用的频谱资源后，将同时获取所有认知用户在可用频谱上的信道衰落特性和整个功率覆盖范围内的授权用户信息。使用 OFDM 技术可以把信道划分为许多子载波。在频率选择性衰落信道中，不同的子信道受到不同的衰落而具有不同的传输能力。在多用户系统中，某个用户不适用的子信道对于其他用户可能是条件很好的子信道。因此，可根据信道衰落信息充分利用信道条件较好的子载波，以合理利用资源，获得更高的频谱效率[46]。

（2）功率控制技术。认知无线网络下实现频谱共享的基本前提是不能干扰主用户的正常通信。在分布式的架构下每个次用户都想使用频谱资源，发射的功率就会对主用户产生干扰。对次用户进行功率控制的目的是在不干扰主用户正常通信的基础上，提供更大的系统容量，提高频谱资源的利用率[47, 48]。

（3）联合资源分配技术。在混合业务中，认知 OFDM 网络中多用户资源分配涉及子载波、功率的联合分配问题，子载波和功率进行联合分配才能获得最优解。如何联合子载波和功率资源的分配，降低算法的时间复杂度，以及满足认知用户的速率需求，是提高物理层传输性能的关键[42, 49]。

1.3 无线网络资源优化问题建模

无线通信网络的资源优化问题就是在资源给定的前提下寻找最好的分配方案，从而使资源消耗最小且收益最大，这些问题经过建模都是最优化问题。并且，由于无线资源管理问题涉及的优化参数众多，经数学建模后多为非凸约束优化问题。对于优化问题，一般可粗略分为单目标优化和多目标优化。其中，只有一个目标函数的最优化问题称为单目标优化问题，目标函数超过一个且需要同时处理的最优化问题称为多目标优化问题。

1.3.1 单目标优化问题

单目标优化问题的优化目标只有一个。不失一般性，单目标优化问题可以表示为[50]

$$\min \ f(\boldsymbol{x})$$
$$\text{s.t.} \ g_i(\boldsymbol{x}) \le 0, \quad i = 1, 2, \cdots, q$$
$$h_j(\boldsymbol{x}) = 0, \quad j = 1, 2, \cdots, p$$

式中，$f(\boldsymbol{x})$ 称为目标函数；$g_i(\boldsymbol{x}) \le 0$，$i = 1, 2, \cdots, q$ 为不等式约束；$h_j(\boldsymbol{x}) = 0$，$j = 1, 2, \cdots, p$ 为等式约束。所有满足约束条件的向量 $\boldsymbol{x}$ 称为可行解，全体可行解的集合称为可行解集。其中，使目标函数取最小值的过程就是最优化的求解过程。

1.3.2 多目标优化问题

单目标优化问题可以求得其最优解。对于多目标优化问题，需要同时优化多个目标，而这些目标往往是不可比较的，甚至是相互冲突的，一个目标性能的改善可能引起另外一个目标性能的降低[51]。因此，对多目标优化问题，一个解可能对于某个目标是较好的，但对于其他目标，可能是较差的。与单目标优化问题相比，多目标优化问题不存在唯一的最优解，所以，必须求得其折中解，称为 Pareto 最优解集或者非支配解集。Pareto 最优解集合中的解对应的目标函数值组成的集合称为 Pareto 前端。Pareto 最优解就是指不存在比其中至少一个目标好而比其他目标不劣的更好的解，也就是说，不可能通过优化其中部分目标而其他目标不劣化。Pareto 最优解集中的元素就所有目标而言是不可比较的[52]。因此，对于决策者，希望求出多目标优化问题的 Pareto 最优解集，根据 Pareto 前端的分布情况进行决策。

一个具有 n 个决策变量、m 个目标函数的多目标优化问题可表达为

$$\min y = F(\boldsymbol{x}) = (f_1(\boldsymbol{x}), f_2(\boldsymbol{x}), \cdots, f_m(\boldsymbol{x}))$$

$$\text{s.t.} \quad g_i(\boldsymbol{x}) \leqslant 0, \quad i = 1, 2, \cdots, q$$

$$h_j(\boldsymbol{x}) = 0, \quad j = 1, 2, \cdots, p$$

$$\boldsymbol{x} = (x_1, x_2, \cdots, x_n) \in \boldsymbol{X} \in \mathbf{R}^n$$

$$\boldsymbol{y} = (y_1, y_2, \cdots, y_m) \in \boldsymbol{Y} \in \mathbf{R}^m$$

式中，$\boldsymbol{x} = (x_1, x_2, \cdots, x_n) \in \boldsymbol{X} \in \mathbf{R}^n$ 称为决策变量，$\boldsymbol{X}$ 是 n 维的决策空间；$\boldsymbol{y} = (y_1, y_2, \cdots, y_m)$ $\in \boldsymbol{Y} \in \mathbf{R}^m$ 称为目标函数，$\boldsymbol{Y}$ 是 m 维的目标空间。目标函数定义了同时需要优化的 m 个目标。$g_i(\boldsymbol{x}) \leqslant 0$，$i = 1, 2, \cdots, q$ 定义了不等式约束；$h_j(\boldsymbol{x}) = 0$，$j = 1, 2, \cdots, p$ 定义了等式约束。对于多目标优化问题，给出如下几个定义。

（1）可行解。对于 $\boldsymbol{x} \in \boldsymbol{X}$，如果 $\boldsymbol{x}$ 满足约束条件 $g_i(\boldsymbol{x}) \leqslant 0$，$i = 1, 2, \cdots, q$，$h_j(\boldsymbol{x}) = 0$，$j = 1, 2, \cdots, p$，则称 $\boldsymbol{x}$ 为可行解。

（2）可行解集合。由 $\boldsymbol{X}$ 中所有的可行解组成的集合称为可行解集合，记为 $\boldsymbol{X}_f(\boldsymbol{X}_f \subseteq \boldsymbol{X})$。

（3）Pareto 占优。对于给定的两点 $\boldsymbol{x}, \boldsymbol{x}^* \in \boldsymbol{X}_f$，$\boldsymbol{x}^*$ 是 Pareto 占优的（非支配的），当且仅当下式成立，记为 $\boldsymbol{x}^* \succ \boldsymbol{x}$：

$$(\forall i \in \{1, 2, \cdots, m\} : f_i(\boldsymbol{x}^*) \leqslant f_i(\boldsymbol{x})) \land (\exists k \in \{1, 2, \cdots, m\} : f_i(\boldsymbol{x}^*) < f_i(\boldsymbol{x}))$$

（4）Pareto 最优解。一个解 $\boldsymbol{x}^* \in \boldsymbol{X}_f$ 称为 Pareto 最优解，当且仅当满足

$$\neg \exists \boldsymbol{x} \in \boldsymbol{X}_f : \boldsymbol{x} \succ \boldsymbol{x}^*$$

（5）Pareto 最优解集。所有 Pareto 最优解组成的集合 P_s 称为 Pareto 最优解集，定义为

$$P_s = \{\boldsymbol{x}^* \mid \neg \exists \boldsymbol{x} \in \boldsymbol{X}_f : \boldsymbol{x} \succ \boldsymbol{x}^*\}$$

（6）Pareto 前端。Pareto 最优解集合 P_s 中的解对应的目标函数值组成的集合 P_F 称为 Pareto 前端。

一般来说，设计多目标优化算法，应该注意以下几方面。

（1）所得的最优解与最优 Pareto 前端应尽可能接近。

（2）所得的最优解在 Pareto 前端尽可能均匀分布。

（3）所得的最优解要尽可能宽广地分布在 Pareto 前端。

（4）算法应该具有较快的收敛速度。

1.3.3　约束处理技术

现实中的很多问题，包括本书研究的无线网络资源优化问题，经建模后都为约束优化问题，即问题的求解必须在满足可行性的前提下进行。如何对约束条件进行有效处理是求解约束优化问题的一个关键技术。智能约束处理技术包括罚函数法、基于排序的方法、基于多目标的方法、特殊算子、修补技术和混合策略等。

（1）罚函数法。罚函数法是最常用的约束处理技术，其本质是将问题转化为无约束问题，其原理简单、实现方便，对问题本身没有苛刻要求。罚函数法就是将目标函数和约束同时综合为一个罚函数。具体而言，罚函数法包括定常罚函数、动态罚函数、自适应罚函数等。罚函数法的缺点在于罚因子的选取非常困难。

（2）基于排序的方法。基于排序的约束处理技术不再进行无约束化处理，而是通过综合考虑目标函数值和约束违反的程度对不同候选解进行比较。排序策略有随机排序等。

（3）基于多目标的方法。基于多目标的约束处理技术就是把目标函数和约束函数当成并列的多个目标来处理。通过采用非支配解的概念来比较解，其中非支配解集中第一个目标函数值最小且其余目标值均等于 0 的解就是原约束优化问题的最优解。

（4）特殊算子。为了保证新个体的可行性，这类约束处理技术通过采用专门的解的表示方法和特殊的搜索算子使得搜索总在可行域内进行。该类算法对某些特定问题的优化效果很好，但明显缺乏通用性，对不同的问题需要设计不同的编码机制和搜索算子。此外，该类方法必须保证初始解的可行性。

（5）修正技术。对不可行解进行修正的方法是在进化过程中通过修正技术对产生的新个体进行修正，使其成为可行解，然后进行评价和进化。

（6）混合策略。由于约束问题的复杂性和多样性，采用单一的约束处理技术往往难以奏效。所以，可以根据问题本身设计具有自适应机制和混合机制的高效约束处理技术。

1.3.4　无线网络资源优化问题的求解方法

一般来说，无线网络资源优化问题的可行解数目巨大，从中找到针对某项性能指标最优的解非常困难，不可能通过遍历所有可行解来寻找，因此，需要借助某种算法来获取问题的最优或次优解。求解算法可分为精确算法和启发式算法。精确算法采用传统的最优化技术，如数学规划方法来获得问题的最优解。启发式算法又称为近似算法，可在短时间内得到问题的最优解或次优解，但不能保证解的最优性[53]。

1）数学优化方法

对于凸优化问题，有一套非常完备的求解算法。如果将某个资源优化问题确认或者转化为凸优化问题，那么能够快速给出最优解。但无线网络中的资源优化问题，往往为非凸优化问题，具有 NP-hard 特性。传统的数学优化方法包括分支定界法、对偶理论等，使用此类方法求解时，一般将问题建模为整数规划或者混合整数规划问题，然后采用分支定界算法、动态规划方法等获得最优解。由于问题的 NP-hard 特性，算法的计算时间将随着问题的规模呈指数增长。因此，当问题规模较大时，算法的时间将过长，在工程应用中难以接受。

拉格朗日松弛方法和分解方法可降低规划方法求解所用的时间，但只能得到问题的近似解，因此，属于启发式算法。拉格朗日松弛方法采用一个拉格朗日乘子对约束条件进行松弛；分解方法把原问题分解为一系列小规模问题，然后再分别求解。

2）计算智能方法

由于在工程应用中，往往不需要求解的最优性，只需得到问题的次优解或满意解。计算智能方法对此类问题有好的求解效果，在无线通信网络资源优化中得到了广泛的应用，如进化算法、粒子群算法、模拟退火算法等。

人工免疫算法是一种受生物免疫系统启发的智能优化算法，具有提供新颖解决问题思路的潜力，已经在工程优化领域显示出了优越的性能[54]。本书主要将免疫克隆算法用于无线网络中的资源优化问题，为人工免疫算法在工程领域的应用进行有益探索。

1.4　人工免疫系统

人工智能的研究主要集中在探索智能和智能模拟的普适理论上。智能计算是人工智能领域中的研究热点，充实了人工智能的研究内容。很多学者认为，人工智能"应该从生物学而不是物理学受到启示"。生物是自然智能的载体。从信息处理的角度来看，生物体就是一部优秀的信息处理机。

人工免疫系统是一种模仿生物免疫系统机制、原理和模型解决复杂问题的自适应系统，具有学习、记忆和模式识别等学习机制，以及新颖的解决问题思路的潜力。其主要研究在于通过深入探索生物免疫系统中所蕴涵的信息处理机制，建立相应的工程模型和算法，解决国民经济和社会发展中面临的众多科学问题。人工免疫系统是生命科学和计算科学相交叉而形成的一个新的研究热点。近年来，人工免疫算法越来越受到相关领域研究者的关注。不同的研究者借鉴其信息处理机制来解决工程和科学问题，研究成果涉及网络安全、数据处理、优化学习、故障诊断、资源调度等方面，显示出了优越的性能。与进化算法相比，人工免疫算法表现出了很多优异的特性，如在提高收敛速度的同时，较好地保持了种群的多样性，能比较有效地克服早熟收敛、欺骗等进化算法本身难以解决的问题，显示出了较强的优化求解能力。

1.4.1　生物免疫系统及其信息处理机能

生物免疫系统是一个高度进化的生物系统，它旨在区分外部有害抗原和自身组织，从而清除病原体并保持有机体的稳定[55]。从计算的角度来看，生物免疫系统是一个高度并行、分布、自适应和自组织的系统，具有很强的学习、识别、记忆和特征提取能力。人工免疫系统的隐喻机制主要来源于生物免疫系统中获得性免疫的优良特性。目前，人们对生物免疫系统的认识还很不充分，还有待生物免疫学家进一步的研究与探讨。

下面首先对免疫学的几个基本概念进行介绍。

（1）免疫。免疫学是研究机体免疫系统的组织结构和生理功能的学科，主要研究免疫系统识别并消除有害生物及其成分的应答过程及机制。免疫系统的主要功能是对"自己"和"非己"抗原的识别和应答，排除"非己"物质，以维持机体的平衡。正常情况下，免疫应答的结果对机体有利，起到免疫防御、免疫稳定和免疫监视等生理性保护作用。

（2）免疫细胞。能进行免疫应答的主要是淋巴细胞[55]。淋巴细胞又分为 B 细胞和 T 细胞。B 细胞在免疫应答和清除病原体的过程中起主要作用，受到刺激后分泌抗体去结合抗原，但其发挥作用要通过 T 细胞的帮助。T 细胞的主要功能是调节其他细胞的活动。B 细胞所受的刺激水平不仅取决于抗体与抗原的结合情况，而且取决于与其他 B 细胞的匹配情况（亲和力）。如果刺激超过一定阈值，B 细胞开始变大分裂，大量复制自己，以非常高的频率在基因中产生点变异，这种机制称为体细胞高频变异。高频变异产生的新 B 细胞能否存活取决于它们对抗原和网络中其他 B 细胞的亲和力。如果新细胞对抗原有更高的亲和力，将会进行复制并比现存的 B 细胞存活时间更长。因此，通过重复的高频变异和选择过程，经过一段时间后，产生了对抗原具有更高亲和力的 B 细胞。

（3）抗原（Antigen，Ag）。它是指凡是能够诱导免疫应答而产生抗体，并能与其发生特异性结合而产生免疫效应的物质。也就是说，抗原是任何能被 T 细胞和 B 细胞识别并刺激 T 细胞及 B 细胞进行特异性免疫应答的物质。抗原表面被抗体识别的部分称为抗原决定基。抗原必须能够被抗原提呈细胞加工、处理，并能被 T 细胞和 B 细胞的抗原识别受体所识别。

（4）抗体。抗体是 B 细胞识别抗原后，通过克隆扩增分化所产生的一种蛋白质分子，也称为免疫球蛋白。抗体结合由外部入侵的抗原，消除对人体的威胁。抗体由抗体决定基和独特型组成，抗体决定基是抗体上识别抗原决定基的部分，而独特型是抗体上可供自身免疫细胞识别的抗原决定基。抗体具有两种截然不同的功能区分子：保持相对静态状态的稳定区（简称 C 区）、负责与不同的抗原结合的变化区（简称 V 区）。可变区通过体细胞高频变异重组 DNA 片段，实现对高度特异性的抗原决定基的识别。

（5）亲和力。免疫系统中的免疫识别基于抗体决定基和抗原决定基之间的形状互补[54]。发生免疫识别的抗体决定基和抗原决定基在结构上越互补，结合就越可能发生，结合的力度也就越强，这种结合的力度称为抗体与抗原之间的亲和力。当然，抗体与抗原在结构上不一定需要完全一致，但必须在一定程度上匹配，然后通过体细胞高频变异等途径实现亲和力的成熟，达到与抗原的高度匹配。

生物机体在长期的进化过程中，形成了两种免疫机制：天然免疫和获得性免疫。

天然免疫是机体天生就有的而且始终存在的防御机制。获得性免疫，也称为特异性免疫，是机体与外来入侵性物质通过免疫作用之后获得的免疫。获得性免疫所具有的优良隐喻特性是人工免疫算法设计的思想来源。综合来讲，免疫系统主要有以下功能。

（1）免疫识别。免疫系统的主要功能是对抗原刺激进行应答，而免疫应答又表现为免疫系统识别自己和排除非己的能力。对于免疫识别现象，最主要的体现就是细胞克隆学说。

（2）免疫应答。抗原性物质进入生物机体后激发免疫细胞活化、分化的过程称为免疫应答。免疫应答分为两种类型：固有免疫应答和适应性免疫应答[55]。前者是指遇到病原体后，首先并迅速起防卫作用的应答；后者是指当 B 细胞抗体能识别抗原决定基时，通过克隆扩增和高频变异，实现对抗原决定基的高度特异识别的应答。

（3）免疫耐受。免疫系统要正常工作，就必须能够区分自体细胞和非自体细胞。免疫耐受是指免疫系统对自体抗原的不应答，也称为错误耐受。

（4）免疫记忆。免疫系统不仅能记忆已经出现的抗原，而且能在相同或者相似的抗原再次出现时，作出快速反应，成功清除被识别的抗原。免疫记忆是免疫系统的重要特征，有助于加快二次免疫应答过程。

随着免疫学研究的深入，人类对免疫系统的机理越来越了解，然而，由于免疫系统的复杂性，很多免疫系统的机理仍然有待于进一步研究。从信息处理的角度看，生物免疫系统具有以下几个特性。这些优良特性都为设计人工免疫算法提供了思想来源[56-59]。

（1）多样性。多样性是生物免疫系统的重要特征之一。免疫学的初步研究表明，通过细胞的分裂和分化、体细胞的超变异、抗体的可变区和不变区的基因重组等方式，可产生大量的不同抗体来抵御各种抗原，从而使免疫抗体群具有丰富的多样性。

（2）适应性。免疫细胞通过学习的方式实现对特定抗原的识别。完成识别的抗体通过变异，增加了亲和度成熟的概率，并通过分化为记忆细胞，实现对抗原的有效清除和记忆信息保留，并且最优个体以免疫记忆的形式得以保存，这是一个自适应的应答过程。

（3）学习性。免疫学习分为两类：免疫初次学习和免疫二次应答（强化学习）。在未知抗原的入侵下，免疫系统能够通过克隆选择等免疫操作，产生与未知抗原相匹配的抗体，并加以分类存储，为二次应答做好准备。

（4）模式识别能力。虽然抗原种类纷繁复杂，并且还会变异和进化，但免疫系统依靠有限的抗体就能对几乎无限的抗原进行识别。免疫系统对自体与非自体、对抗原的识别能力表明免疫系统具有强大的模式识别能力。

此外，免疫系统还具有分布性、鲁棒性、适应性和反馈性等特点。

1.4.2　人工免疫系统及其研究进展

人工免疫系统是一门涉及医学免疫学、生物信息学、计算机科学、人工智能、计算智能等学科的交叉学科。目前关于人工免疫系统的主要定义如下[52-56]：人工免疫系统由生物免疫系统启发而来的智能策略所组成，主要用于信息处理和问题求解；人工免疫系统是一种由理论生物学启发而来的计算范式，它借鉴了一些免疫系统的功能、原理和模型并用于复杂问题的解决；人工免疫系统是受免疫学启发，模拟免疫学功能、原理和模型来解决问题的复杂自适应系统；人工免疫系统是研究借鉴、利用免疫系统（主要是人类免疫系统）各种原理和机制的各类信息处理技术、计算技术及其在工程和科学中应用而产生的各种智能系统的统称。总之，人工免疫系统着眼于生物隐喻机制的应用，强调免疫学机理和应用，主要用于解决实际工程中存在的问题。

目前，还没有关于人工免疫系统一般通用的、完整的理论体系，即能够解释所有人工免疫系统方法的理论。人工免疫系统主要的研究过程是抽取免疫机制、设计模型或算法、实验验证或计算机仿真。目前，人工免疫系统的研究主要集中在三方面：人工免疫模型的研究、人工免疫算法的研究和免疫算法在工程应用中的研究。

人工免疫系统的研究在国内外迅速展开。在国外，Dasgusta 等对人工免疫系统进行了广泛研究，取得了一些突破性成果[57-61]。在国内，人工免疫系统也引起了相关研究者的广泛兴趣。哈尔滨工程大学的莫宏伟出版了国内第一本关于人工免疫系统的专著[62]，并对人工免疫系统的研究进行了总结；西安电子科技大学的焦李成领导的团队，在免疫优化领域取得了很多原创性成果[63]；四川大学的李涛在基于免疫的计算机网络安全方面进行了很多有益的工作[64,65]；中国科学技术大学的王煦法和罗文坚博士团队在免疫硬件方面进行了深入研究[66]；华中科技大学的肖人彬在免疫工程优化、免疫控制方面取得了很大进展[56]。此外，其他国内学者也对人工免疫系统的发展作出了积极的贡献[67-70]。

目前，人工免疫算法已经在函数优化、组合优化、模式识别、通信、网络、图像处理、数据挖掘等众多工程和科学领域中得到了广泛应用。

1.4.3　人工免疫系统的主要模型和算法

人工免疫算法主要包括免疫网络算法、否定选择算法、克隆选择算法、危险理论模型等[69]。

1）免疫网络算法

免疫网络算法是借鉴各种免疫网络学说，如独特型网络、互联耦合免疫网络、免疫反馈网络和对称网络等建立起来的。免疫网络算法将人工免疫系统视为一个由节点组成的网络结构，通过节点之间的信息传递和相互作用，实现识别、效应、记忆等免疫系统功能。目前，免疫网络算法主要有独特型网络模型、互联耦合网络模型、抗体网络模型、多值网络模型和资源受限人工免疫系统等。其中，影响最大的两个模型是资源受限人工免疫系统和抗体网络模型。前者基于自然免疫系统的种群控制机制，控制种群的增长和算法终止条件，并成功用于 Fisher 花瓣问题。后者受独特型免疫调节网络的启发，通过进化机制来控制网络的动态性，模拟了免疫网络对抗原刺激的影响过程。这些模型具有自己非己识别、自修复等功能，为信息处理和计算提供了一种途径。将人工免疫系统与人工神经网络、进化算法等智能方法相结合，提出集成智能计算模型，是免疫网络算法的一个发展方向，其旨在充分利用各种方法的优点，能更有效地解决工程实际问题。

目前的免疫网络模型已经广泛应用于计算机网络，尤其是网络安全方面的研究工作。但这些应用多是思想上的，没有具体的实现算法。

　2）否定选择算法

否定选择算法又称为阴性（负）选择算法，是基于免疫系统中的阴性选择原理而设计的。该算法主要包括两个步骤：首先，产生一个检测器集合，其中每一个检测器与被保护的数据不匹配；其次，不断地将集合中的每一个检测器与被保护数据相比较，如果检测器与被保护数据相匹配，则判断数据发生了变化。该算法并没有直接利用自我信息，而是由自我集合通过阴性选择生成检测子集，具备并行性、分布式检测等优点。不同的研究者对此算法进行了研究，提出了不同的改进算法。否定选择算法为免疫在计算机安全领域的应用奠定了理论基础。目前，否定选择算法广泛应用于垃圾邮件检测、模式识别、病毒检测、入侵检测、异常检测等领域。

　3）克隆选择算法

克隆选择算法是人工免疫系统的主要算法之一，其灵感来自生物获得性免疫的克隆选择原理。克隆选择算法已经在工程优化领域得到了广泛应用。这也是本书优化所使用的主要算法。

　4）危险理论模型

从免疫学的观点看，有些进入人体的异体，免疫系统并没有对它产生响应攻击，如人体消化道内的有益细菌。而对人体有害的自体，如肿瘤，免疫系统会对它产生攻击。危险理论认为诱发机体免疫应答的关键因素是外来抗原产生的危险信号而不是异己性[70]。危险理论认为细胞的死亡分为凋亡和坏死。凋亡是正常的死亡过程，而坏死是异常的死亡过程，只有坏死才发出危险信号。危险理论模型并不要求清除每一种异己抗原，而是清除有害的抗原。对那些异己但无害的抗原采取耐受，即不处理。

英国诺丁汉大学的 Aickelin 开展了基于危险理论的信息安全方面的研究，首次提出了基于危险理论的异常检测系统。目前，基于危险理论的异常检测研究已经广泛展开，涌现出了各种研究成果。

1.4.4　克隆选择算法

克隆选择算法是人工免疫系统的主要算法之一，其灵感来自生物获得性免疫的克隆选择原理[53]。克隆选择算法已经在工程优化领域得到了广泛应用。本节主要介绍克隆选择算法及其基本理论。

克隆选择算法的基本思想是：只有那些能够识别抗原的细胞才能进行扩增，被免疫系统选择并保留下来，而那些不能识别抗原的细胞则不会被选择和扩增。克隆选择与达尔文进化和自然选择过程类似，只是应用于细胞群体。克隆过程中，抗体竞争结合抗原，亲和力最高的是最适应的抗体，因此复制得最多。

免疫系统中大量抗体的多样性是其能够识别抗原，并保护机体安全的关键。免疫系统中的克隆也是自适应的，同时表现出一种变异机制。在克隆过程中，抗体的可变区会发生高频变异，可能产生对抗原具有更高亲和力的抗体。当抗体对抗原的亲和力较高时，B 细胞开始复制并分化出大量的浆细胞，浆细胞将会分泌大量的抗体和带有抗体的免疫记忆细胞。记忆细胞不分泌抗体，且一般处于休眠状态，只有受到相同的抗原再次刺激后才会迅速分化成浆细胞。

克隆扩增是指少数与抗原具有较高亲和力的 B 细胞通过分裂产生大量相同的 B 细胞[50]。当 B 细胞克隆扩增时，经历一个自我复制和超变异的随机过程，为抵制类似但不同的外来抗原的再次入侵做好准备。体细胞高频变异是克隆扩增期间的重要变异形式，对抗体的多样性起重要作用。其实质是抗体可变区的 DNA 基因片段重新排列，从而形成了一种新的抗体。在克隆扩增过程中，同时也会产生一定数量的自由抗体（随机生成抗体）来保证免疫系统的多样性，以应对那些可能从未碰到过的病原体。变异后的 B 细胞具有不同于父代的抗体决定基，因此就会有不同的亲和力。同时也可以依靠亲和力来调节高频变异过程，使亲和力低的细胞进一步变异，而亲和力高的细胞不再进行高频变异。

克隆选择算法是借鉴克隆选择学说发展起来的仿生算法，其灵感来自生物获得性免疫的克隆选择原理。

基本克隆选择算法描述如下[52-54]。

（1）随机生成候选解集 C。C 由记忆单元（M）和保留种群（Pr）组成，即 $C = M + \text{Pr}$。初始 Pr 随机生成，$M = 0$。

（2）根据亲和度测量值，选择亲和度最高的 n 个个体（$P_{\text{best}n}$）。

（3）克隆选出的 n 个最佳个体，产生一个克隆临时种群 T，其中，每个选中个体的克隆规模与抗体-抗原之间的亲和度成正比。

（4）对克隆临时种群 T 进行高频变异，获得一个变异后的抗体群 T^*。

（5）从 T^* 中重新选择改进的个体组成记忆单元 M，并将其添加到候选解集中，从而产生下一代候选解 C。

（6）为了增加抗体多样性，利用随机新产生的抗体代替 d 个亲和度低的抗体。

基本克隆选择算法充分利用了免疫系统的多样性机制，具有优越的全局寻优能力。基于基本克隆选择算法，不同的研究者提出了不同的改进算法，用于解决不同的应用问题。本书主要根据无线资源优化的应用问题特点，设计相应的改进克隆选择算法进行求解。

免疫克隆选择算法中，抗原对应于优化问题的目标函数，抗体对应于优化问题的可能解。与一般的确定性优化算法相比，其有如下特点[54, 55]。

（1）同时搜索解空间中的一系列点，而不是一个点。

（2）处理采用对象表示的待求解参数的编码串，而不是参数本身。

（3）使用目标函数本身，而不需要其导数或者其他附加信息。

（4）变化规则是随机的，而不是确定的。

免疫克隆算法与进化算法有很多相同之处，但也有很多不同。免疫算法模拟生物免疫系统的机制解决有关工程问题，进化算法受达尔文自然进化理论启发。免疫算法和进化算法都采用群体搜索策略，并且强调群体中个体间的信息交换，因此有许多相似之处。

首先在算法结构上，都要经过"初始种群产生→评价标准计算→种群间个体信息交换→新种群产生"的循环过程，最终以较大概率获得问题的优化解；其次在功能上，二者本质上具有并行性，在搜索中不易陷入极小值，都有与其他智能算法结合的天然优势；最后，在主要算子应用上也基本相同。

但是，它们之间也存在区别，主要体现在如下几点。

（1）在记忆单元上运行，保证了算法快速收敛于全局最优解；而进化算法只是基于父代群体，标准遗传算法并不能保证概率收敛。

（2）亲和度的计算（包括抗体-抗体亲和度、抗体-抗原亲和度），提高了进化种群的个体多样性，反映了真实的免疫系统的多样性；而进化算法则是简单计算个体的适应度。

（3）通过促进或抑制抗体的产生，实现进化过程自我调节，体现了免疫系统自我调节的功能，保证了个体的多样性；而进化算法只是根据适应度选择父代个体，并没有对个体多样性进行调节。

（4）虽然交叉、变异等操作在免疫算法中广泛使用，但免疫算法还可以通过克隆选择、免疫记忆等传统进化中没有的机制来产生。

（5）在具体的算法实现中，进化算法更多地强调全局搜索，而忽视局部搜索；而克隆选择算法二者兼顾，并且由于克隆算子的作用，有更好的种群多样性。

（6）进化算法更多地强调个体竞争，较少关注种群间的协作；而克隆选择算法不仅强调抗体群的适应度函数变化，也关心抗体间的相互作用而导致的多样性变化，提出了抗体-抗体亲和度的概念。

（7）一般进化算法中，交叉是主要算子，变异是背景算子，而克隆选择算法恰好相反。

此外，免疫克隆选择中的非达尔文效应，如拉马克学习和 Baldwin 学习机制也值得研究。拉马克认为，子代可以从父代的进化中获得更好地适应环境的经验，只是这种经验可能不是通过基因遗传的。因此，生物种群的进化，实际上包括了基于 DNA 的生物进化和基于社会文化学的经验进化。

Baldwin 机制揭示了一种个体学习可以影响进化速度的间接机制，不同于拉马克，Baldwin 效应认为学习不能改变基因型，而主要体现在对进化算法适应度函数的改变上。总之，关注非达尔文进化机制在免疫克隆选择计算中的作用，应该成为免疫算法有别于进化算法研究的特点之一。

1.4.5 免疫克隆形态空间理论

受启发于克隆选择学说，可以将免疫系统机理与克隆选择算法的对应关系总结如表 1.1 所示[54]。

表 1.1 生物抗体克隆选择学说与克隆算子的对应关系

生物抗体克隆选择学说	克隆算子中的作用
克隆（无性繁殖）	克隆（复制）
抗体	候选解
抗原	问题的优化目标（目标函数）及其约束条件
抗体-抗体亲和度	解空间中两个解之间的距离
抗体-抗原亲和度	解所对应的亲和度函数值（目标函数值）
记忆细胞、血浆细胞	解集合

根据前面介绍的免疫机理，本书所采用的人工免疫优化算法和免疫系统机理的关系如表 1.2 所示。

表 1.2 免疫系统机理与本书免疫算法的对应关系

免疫系统		免疫算法	
原理	工作机制	免疫操作	免疫操作的含义
克隆选择原理	克隆选择	克隆选择	抗原亲和力较高的抗体被选出
	细胞分化繁殖	克隆	被选中的抗体以一定数目进行克隆
	记忆细胞获取	记忆细胞池	选择与抗原匹配最高的抗体更新记忆细胞池
	抗体进化	高频变异	抗体以一定概率进行突变
形态空间理论	分子的泛化形态	编码机制	抗体以二进制或实数形式表示
	抗体对抗原的识别	亲和力度量	计算抗体与抗原间的亲和力
独特型理论	克隆抑制	克隆抑制	浓度高及亲和力低的抗体被清除
	动态平衡维持	产生新成员	随机产生自我抗体加入抗体群

假定抗体的泛化形态用 $Ab = <Ab_1, Ab_2, \cdots, Ab_n>$ 表示，抗原的泛化形态用 $Ag = <Ag_1, Ag_2, \cdots, Ag_n>$ 表示。免疫形态空间描述抗原和抗体分子间的结合程度以及它们之间的相互作用，包括抗体的编码机制、亲和力度量等。

1）自体与非自体

免疫系统保护机体免受外部入侵抗原的侵袭，能够识别外来分子或细胞。免疫系统面临的主要问题就是如何定义自体、非自体。

2）抗体与抗原的编码机制

在形态空间中，抗原与抗体的识别、抗体的进化是通过合适的编码机制来实现的。目前，抗体与抗原的编码方式主要有二进制编码、整数编码、实数编码、灰度编码等。在采用人工免疫算法解决具体问题时，抗原与抗体采用何种编码方式，目前还没有具体的理论指导，通常需要结合具体的问题而定，同时每种编码都有自己的优缺点。因此，如何将问题所对应的抗原、抗体进行编码是采用人工免疫算法求解需要考虑的一个重要问题。每种编码方式都有其特定的应用领域。例如，二进制编码，其优点在于编码、解码操作简单，交叉、变异等操作便于实现；其缺点在于不能较直观地反映所求问题的特定知识；实数编码对于函数优化最为有效；整数和符号形态空间对于组合优化问题最为有效。

此外，关于编码机制，应该满足以下几条原则。

（1）非冗余性。从编码到解的映射应该是一对一的，确保在产生后代时，不会进行无价值的操作。

（2）合法性。编码的任意排列都可以解析为问题的一个解。

（3）完备性。任意解都对应一个编码，保证解空间任意点都是可达的。

3）亲和力度量

在形态空间中，抗体与抗原之间只需大致匹配就可以，因而用少量的抗体可以识别数量众多的抗原。如何计算抗原与抗体之间的相互作用，即抗原与抗体之间亲和力的度量是一个关键技术。基于形态空间和编码机制的不同，其亲和力的度量方式也不一样，具体采用何种方式进行度量，必须根据实际要求解的问题，分别对待。

将人工免疫算法用于解决实际问题时，一般包括以下步骤。

（1）问题描述，设计合适的形态空间。首先，描述要解决的问题，确立免疫系统的所有元素，包括变量、常量、参数等。所确定的元素必须能够恰当地描述和解决问题。同时，确定亲和度函数和初始抗体产生方式等。

（2）选择免疫原理。将所描述的问题和要使用的免疫原理结合起来，设计模型、算法和过程。同时，根据要解决的实际问题，对算法进行一定的改变和优化，生成新的免疫算法。

（3）将免疫系统映射到实际问题。根据计算机的运行结果，给出解释，映射到最初的实际问题中。

1.4.6　量子免疫计算

量子计算具有并行性、指数级存储容量、指数加速特征等，展示了其强大的运算能力。目前，量子计算已经在通信、数据搜索等领域得到了成功应用。量子算法最本质的特征是利用了量子态的叠加性和相干性，以及量子比特之间的纠缠性，最主要的特点是其具有量子并行性[71]。

（1）状态的叠加。量子比特不仅可以处于 0 或 1 两个状态之一，还可以处于两个状态的任意叠加形式。一个 n 位的量子寄存器可处于 2^n 个基态的相干叠加态$| \phi >$中，即可以同时表示 2^n 个数。叠加态和基态的关系可表示为

$$| \phi > = \sum_i c_i | \phi_i >$$

式中，c_i 为状态 $|\phi_i>$ 的概率幅；$|c_i|^2$ 表示 ϕ 坍塌到基态 $|\phi_i>$ 的概率，即对应结果为 i 的概率，因此有

$$\sum_i |c_i|^2 = 1$$

（2）状态的相干。量子计算的另一个主要原理就是构成叠加态的各个基态可以通过量子旋转门的作用发生干涉，从而改变其之间的相对相位。若量子系统 $|\phi>$ 处于基态的线性叠加的状态，则称系统是相干的。

（3）状态的纠缠。对于发生相互作用的两个子系统中所存在的一些状态，若不能表示成两个子系统态，则称为纠缠态。对处于纠缠态的量子位的某几位进行操作，不但会改变这些量子位的状态，而且会改变与它相纠缠的其他量子位的状态。量子计算能够充分实现，就是利用了量子态的纠缠性。

（4）量子并行性。量子态是通过量子门的作用进行进化的。量子计算利用了量子信息的叠加和纠缠的性质，在使用相同时间和存储量的计算资源时，提供了巨大的收益。

目前，量子计算已经和神经网络、进化算法、模糊逻辑等进行了有效结合，获得了广泛的应用。量子计算智能结合了量子计算和智能计算各自的优势，显示了强大的优化能力。量子免疫克隆算法基于量子计算的概念和理论，使用量子比特进行编码。这种概率幅表示可以使一个量子染色体同时表征多个状态的信息，带来丰富的种群，而且当前最优个体的信息能够很容易地用来引导变异，使得种群以大概率向着优良模式进化，加快算法收敛。量子克隆中用到的一些基本概念如下。

（1）量子比特。量子免疫克隆算法中，最小的信息单元为一个量子比特。一个量子比特的状态可以取 0 或 1，其状态可以表示为

$$|\psi> = \alpha|0> + \beta|1>$$

式中，α、β 代表相应状态出现概率的两个复数（$|\alpha|^2 + |\beta|^2 = 1$），$|\alpha|^2$、$|\beta|^2$ 分别表示量子比特处于状态 0 和状态 1 的概率。

（2）量子编码。量子编码即使用一对复数表示一个量子比特位。一个具有 m 个量子比特位的系统可以描述为

$$\begin{bmatrix} \alpha_1 & \alpha_2 & \cdots & \alpha_m \\ \beta_1 & \beta_2 & \cdots & \beta_m \end{bmatrix}$$

式中，$|\alpha_i|^2 + |\beta_i|^2 = 1(i = 1, 2, \cdots, m)$。这种表示可以表征任意的线性叠加态。

1.4.7 混沌免疫优化

混沌是非线性系统的本质特征，具有随机性、遍历性、规律性等一系列的特殊性质[71]。在进化计算中，混沌是在搜索过程中避免陷入局部最优的一种机制。基于混沌

理论的相关优化方法，主要利用混沌系列的遍历性、随机性、规律性来搜索和寻找问题的最优解。

Logisitic 映射

$$x_{n+1} = \mu x_n (1 - x_n), \quad n = 0, 1, 2, \cdots$$

是一个典型的混沌系统。式中，μ 为控制变量。已有研究表明，当 $\mu = 4$ 时，系统呈现出混沌状态，遍历范围加大。

本书使用混沌优化初始化种群，保证初始种群的遍历性，并在解的搜索过程中使用混沌优化，避免陷入局部最优解。

1.5 本 章 小 结

本章主要介绍了无线网络中的资源优化问题、生物免疫系统和人工免疫系统的映射关系、人工免疫算法的基本特点和求解步骤，尤其是免疫克隆算法的原理和求解步骤，阐述了免疫克隆算法解决无线资源优化问题的基本思路和可行性。

参 考 文 献

[1] 彭木根, 王文博. 3G 无线资源管理与网络规划优化. 北京: 人民邮电出版社, 2006.

[2] 张大鹏. LTE 系统中无线资源管理技术的研究. 博士学位论文. 北京: 北京邮电大学, 2011.

[3] 彭木根, 王文博. 无线资源管理与 3G 网络规划优化. 北京: 人民邮电出版社, 2008.

[4] 朱新宁. 宽带无线网络无线资源管理关键技术研究. 博士学位论文. 北京: 北京邮电大学, 2010.

[5] 王金鹏. 移动通信系统中无线资源管理及其性能研究. 博士学位论文. 大连: 大连海事大学, 2011.

[6] 曾宇辉. 下一代无线通信系统资源管理及 QoS 增强研究. 博士学位论文. 武汉: 华中科技大学, 2011.

[7] Zhang H Y, Xi Y G, Gu H Y. A rolling window optimization method for large-scale WCDMA base stations planning problem. European Journal of Operational Research, 2007, 183: 370-383.

[8] Yang J, Aydin M E, Zhang J. UMTS base station location planning: A mathematical model and heuristic optimization algorithms. IET Communications, 2007, 1(5): 1007-1014.

[9] Amaldi E, Capone A, Malucelli F. Radio planning and coverage optimization of 3G cellular networks. Wireless Network, 2008, (14): 435-447.

[10] Yu Y, Murphy S, Murphy L. A clustering approach to planning base station and relay station locations in IEEE 802.16j multi-hop relay networks. IEEE International Conference on Communications, 2008: 2586-2591.

[11] 朱思峰, 刘芳, 柴争义. 基于免疫计算的 WCDMA 网络基站选址优化. 电子与信息学报, 2011,

33(6): 1492-1495.

[12] 朱思峰, 刘芳, 柴争义. 基于免疫计算的 TD-SCDMA 网络基站选址优化. 通信学报, 2011, 32(1): 106-110.

[13] 朱思峰, 陈国强, 张新刚. 免疫记忆克隆算法求解 3G 基站选址优化问题. 华中科技大学学报 (自然科学版), 2011, 39(7): 63-66.

[14] 朱思峰, 陈国强, 张新刚, 等. 多目标优化量子免疫算法求解基站选址问题. 华中科技大学学报(自然科学版), 2012, 40(1): 56-61.

[15] Siomina I, Yuan D. Minimum pilot power for service coverage in WCDMA networks. Wireless Networks, 2008, 14(3): 393-402.

[16] Golovins E, Ventura N. Optimization of the pilot-to-data power ratio in the wireless MIMO-OFDM system with low-complexity MMSE channel estimation. Computer Communications, 2009, 32(3): 465-476.

[17] Zhou X G, Lamahewa T A, Sadeghi P. Two-way training: Optimal power allocation for pilot and data transmission. IEEE Transactions on Wireless Communications, 2010, 9(2): 564-569.

[18] 李军. 异构无线网络融合理论与技术实现. 北京: 电子工业出版社, 2009.

[19] 朱思峰, 刘芳, 柴争义. 异构无线网络中基于免疫计算的联合会话接纳控制. 电子学报, 2011, 39(11): 2648-2653.

[20] 邓强. 异构无线网络中的接纳控制与垂直切换研究. 博士学位论文. 北京: 北京邮电大学, 2010.

[21] Mehbodniva A S, Chitizadeh J. A location-aware vertical handoff algorithm for hybrid networks. Journal of Communications, 2010, 5(7): 521-529.

[22] Liu S M, Meng Q M, Pan S, et al. A simple additive weighting vertical handoff algorithm based on SINR and AHP for heterogeneous wireless networks. Journal of Electronics and Information Technology, 2011, 33(1): 235-239.

[23] Shafiee K, Attar A. Optimal distributed vertical handoff strategies in vehicular heterogeneous networks. IEEE Journal on Selected Areas in Communications, 2011, 29(3): 534-544.

[24] Liu X W, Fang X M, Chen X, et al. A bidding model and cooperative game-based vertical handoff decision algorithm. Journal of Network and Computer Applications, 2011, 34(4): 1263-1271.

[25] Chi S, Enriqure S N, Vahid S M. A constrained MDP-based vertical handoff decision algorithm for 3G heterogeneous wireless networks. Wireless Networks, 2011, 17(4): 1063-1081.

[26] Lee S, Sriram K, Kim K, et al. Vertical handoff decision algorithms for providing optimized performance in heterogeneous wireless networks. IEEE Transactions on Vehicular Technology, 2009, 58(2): 865-881.

[27] 刘琪, 袁坚, 山秀明, 等. 3G/WLAN 网络中基于终端移动与业务认知的动态负载均衡机制. 计算机学报, 2010, 33(9): 1569-1579.

[28] 孙雷. 异构无线环境中联合无线资源管理关键技术研究. 博士学位论文. 北京: 北京邮电大学, 2011.

[29] Wu J S, Jiao L C, Li R. Clustering dynamics of nonlinear oscillator network: Application to graph

coloring problem. Physical D, 2011, 240(1): 1972-1978.

[30] 石文孝, 赵嵩, 范绍帅, 等. 基于多目标决策的异构无线网络接入选择算法. 吉林大学学报(工学版), 2011, 41(3): 795-799.

[31] 石文孝, 范绍帅, 王栅. 基于 PSO 模糊神经元的异构无线网络接入选择. 北京邮电大学学报, 2011, 34(2): 58-62.

[32] 张平, 冯志勇. 认知无线网络. 北京: 科学出版社, 2010.

[33] Sabita M, Zhang Y, Stein G. Economic approaches for cognitive radio networks: A survey. Wireless Personal Communications, 2011, 57(1): 33-51.

[34] 魏急波, 王杉, 赵海涛. 认知无线网络: 关键技术与研究现状. 通信学报, 2011, 32(11): 147-158.

[35] Haykin S. Cognitive radio: Brain-empowered wireless communications. IEEE Journal on Selected Areas in Communications, 2005, 23(2): 201-220.

[36] Akyildiz I F, Lee W Y, Vuran M C. Next generation/dynamic spectrum access/cognitive radio wireless networks: A survey. Computer Networks, 2006, 9(2): 2127-2159.

[37] Wang B B, Liu K, Ray J. Advances in cognitive radio networks: A survey. IEEE Journal of Selected Topics in Signal Processing, 2011, 5(1): 5-23.

[38] 王钦辉, 叶保留, 田宇, 等. 认知无线电网络中频谱分配算法. 电子学报, 2012, 40(1): 147-154.

[39] 郭彩丽, 冯春燕, 曾志民. 认知无线电网络技术及应用. 北京: 电子工业出版社, 2010.

[40] Akyildiz I F, Lee W Y, Vuran M C.A survey on spectrum management in cognitive radio networks. IEEE Communications Magazine, 2008, 46(4): 40-48.

[41] Lee W Y, Akyildiz L F. A spectrum decision framework for cognitive radio networks. IEEE Transactions on Mobile Computing, 2011, 10(2): 161-174.

[42] Almalfouh S M. Stüber G L. Interference aware radio resource allocation in OFDMA based cognitive radio networks. IEEE Transactions on Vehicular Technology, 2011, 60(4): 1699-1713.

[43] Mitola J, Maguire G Q. Cognitive radio: Making software radios more personal. IEEE Personal Communication, 1999, 6(4): 13-18.

[44] Mahmoud H A, Yucek T, Arslan H. OFDM for cognitive radio: Merits and challenges. IEEE Wireless Communications Magazine, 2009, 16(2): 6-15.

[45] Maciel T F, Klein A. On the performance, complexity, and fairness of suboptimal resource allocation for multi-user MIMO-OFDMA systems. IEEE Transactions on Vehicular Technology, 2010, 59(1): 1234-1240.

[46] Rahulamathavan Y, Cumanan K, Lambotharan S. Optimal resource allocation techniques for MIMO-OFDMA based cognitive radio networks using integer linear programming. IEEE Workshop on Signal Processing Advances in Wireless Communications, 2010, 21(9): 210-216.

[47] Zhang Y H, Cyril L. A distributed algorithm for resource allocation in OFDM cognitive radio systems. IEEE Transactions on Vehicular Technology, 2011, 60(2): 546-554.

[48] Mitran P. Queue-Aware resource allocation for downlink OFDMA cognitive radio networks. IEEE

Transactions on Wireless Communications, 2010, 9(10): 1699-1713.

[49] Wang S W, Huang F J, Yuan M D. Resource allocation for multi-user cognitive OFDM networks with proportional rate constraints. International Journal of Communication Systems, 2011, 6(2): 1532-1541.

[50] 陈宝林. 最优化理论与算法. 北京: 清华大学出版社, 2011.

[51] 施光燕, 钱伟懿, 庞丽萍. 最优化方法. 北京: 高等教育出版社, 2011.

[52] 焦李成, 公茂果, 尚荣华, 等. 多目标优化免疫算法、理论与应用. 北京: 科学出版社, 2010.

[53] 左兴权, 莫宏伟. 免疫调度原理与应用. 北京: 科学出版社, 2013.

[54] 莫宏伟, 左兴权. 人工免疫系统. 北京: 科学出版社, 2009.

[55] 张军, 詹志辉. 计算智能. 北京: 清华大学出版社, 2009.

[56] 肖人彬, 曹鹏彬, 刘勇. 工程免疫计算. 北京: 科学出版社, 2007.

[57] Dasgupta D, Saha S. Password security through negative filtering. Proceedings of International Conference on Emerging Security Technologies, 2010, 25(7): 61-65.

[58] Yu S H, Dasgupta D. An empirical study of conserved self pattern recognition algorithm by comparing to other one-class classifiers and evaluating with various random number generators. World Congress on Nature and Biologically Inspired Computing, 2009, 31(2): 1120-1127.

[59] Dasgupta D, Saha S. A biologically inspired password authentication system. ACM proceedings of 5th Cyber Security and Information Intelligence Research Workshop, 2009, 45(3): 413-418.

[60] Yu S H, Dasgupta D. Conserved self pattern recognition algorithm with novel detection strategy applied to breast cancer diagnosis. Journal of Artificial Evolution and Applications, 2009, 65(3): 312-328.

[61] Zhou J, Dasgupta D. V-detector: An efficient negative selection algorithm with probably adequate detector coverage. Special Issue of Information Science on Artificial Immune Systems, 2009, 179(10): 1390-1406.

[62] 莫宏伟. 人工免疫系统原理及其应用. 哈尔滨: 哈尔滨工业大学出版社, 2003.

[63] 焦李成, 杜海峰, 刘芳. 免疫优化、计算学习与识别. 北京: 科学出版社, 2006.

[64] 李涛. 基于免疫的网络监控模型. 计算机学报, 2006, 29(9): 1515-1522.

[65] 李涛. 基于免疫的计算机病毒动态检测模型. 中国科学(F 辑: 信息科学), 2009, 39(4): 422-430.

[66] 何申, 罗文坚, 王煦法. 一种检测器长度可变的非选择算法. 软件学报, 2007, 18(6): 1361-1368.

[67] 陈光柱. 产品免疫概念设计理论与应用. 北京: 科学出版社, 2009.

[68] 孟宪福, 解文利. 基于免疫算法多目标约束 P2P 任务调度策略研究. 电子学报, 2011, 39(1): 101-107.

[69] Castro L N, Zuben F J. Learning and optimization using the clonal selection principle. IEEE Transaction on Evolutionary Computation, 2002, 6(3): 239-251.

[70] Castro L N, Timimis J A. Immune Systems: A New Computational Intelligence Approach. Berlin: Springer, 2002.

[71] 李士勇, 李盼池. 量子计算与量子优化算法. 哈尔滨: 哈尔滨工业大学出版社, 2009.

第 2 章　基于免疫计算的基站选址优化

2.1　引　言

移动通信基站是无线电台站的一种形式，是指在一定的无线电覆盖区中，通过移动通信交换中心，与移动电话终端之间进行信息传递的无线电收发电台。移动通信基站的建设是移动通信运营商投资的重要部分，在无线基站建设中，必须考虑地形条件、道路交通状况、居民地分布情况等信息，根据掌握的相关信息选择最合适的位置建设基站。基站选址对整个无线网络的质量和发展有着重要的影响，因此在选址时应全面考虑覆盖面、通话质量、投资效益、建设难易、维护方便等要素。基站选址优化是无线通信网络优化的一个重要内容，即在考虑信号质量、建设代价、覆盖约束和其他网络参数的情况下优化基站的数目和位置，其目标是用较低的基站建设代价获得一个高覆盖率的网络。

本章依次对 TD-SCDMA 网络基站选址优化问题、WCDMA 网络基站选址优化问题和 802.16j 网络基站及中继站选址优化问题进行了研究，构建了相应的优化模型并给出了相应的选址优化方案。

2.2　TD-SCDMA 网络的基站选址优化

2.2.1　TD-SCDMA 网络的基站选址问题的数学模型

TD-SCDMA 标准是由中国提出的，以我国知识产权为主的、被国际上广泛接受和认可的无线通信国际标准。TD-SCDMA 由于采用时分双工，上行和下行信道特性基本一致，因此基站根据接收信号估计上行和下行信道特性比较容易。TD-SCDMA 使用智能天线技术有先天的优势，而智能天线技术的使用又引入了 SDMA（Space Division Multiple Access）的优点，可以减少用户间干扰，从而提高频谱利用率。TD-SCDMA 采用的联合检测和智能天线技术减弱了系统呼吸效应，从而降低了 CDMA 系统无线网络规划和工程优化中由于覆盖、容量、业务相关性大而增加的工作难度。由于采用了智能天线和同步 CDMA 技术，大大简化了 TD-SCDMA 系统的复杂性，其设备造价较低。TD-SCDMA 系统的智能天线，其体积比其他系统的天线大很多，在基站勘察选址和建设中容易遭到人们的抵制，给 TD-SCDMA 基站建设带来了不便。

经过 2G 网络的大规模建设，我国目前的基站总数已经达到 60 余万个。按照工业和信息化部及国务院国有资产监督管理委员会的发展规划，2009 年上半年共投资建设了 2 万多个 TD-SCDMA 基站，总投资 200 多亿，平均每个基站花费 100 万，到 2012 年年底将建成 50 万个 TD-SCDMA 基站[1]。目前，基站站址已经成为稀缺资源。由于 TD-SCDMA 使用的智能天线体积较大（是 2G 天线的两倍），庞大的天线体积既破坏了城市的美观，又产生了较大的辐射，目前居民的环保意识普遍增强，对 TD-SCDMA 基站抵制较大。TD-SCDMA 基站选址难度大，工程施工和维护成本也很高。TD-SCDMA 网络基站建设已经成为制约 TD-SCDMA 标准实施和推广的瓶颈，这已引起中国电信行业的普遍关注。

　　基站站址选取的合适与否对 TD-SCDMA 网络性能和网络运行及维护成本影响很大，不合理的站点选址不仅可能会造成某些地方出现覆盖盲区或局部容量不足的现象，还会增加网络建设的成本，甚至给网络的运行和维护带来很大的困难[2]。因此，在基站选址时，应该遵守以下基本原则。

　　（1）基站应尽量处于小区（一个蜂窝单元）的中心，这样才能保证 TD-SCDMA 网络的拓扑结构接近理想蜂窝网络结构。规则的蜂窝结构能保证系统在规划区内均匀覆盖，减少导频污染，避免频繁的接力切换和弱信号区；同时也使今后的小区分裂更加容易。在实际环境下，由于受地形地貌和建筑物的限制，在蜂窝的中心建基站比较困难，此时要在蜂窝中心的 1/4 半径区域内寻找次优的基站位置。

　　（2）站址规划要充分考虑网络业务量和业务分布要求，基站分布应与话务密度分布一致，优先考虑热点地区。

　　（3）优先考虑 2G/3G 共站，利用已有的 2G 基站。有效利用 2G 网络的站址、交换机、基站及其附属设施等现有网络资源，能够实现 TD-SCDMA 投资的最小化。

　　站址规划要充分考虑网络业务量和业务分布要求，站点分布应对应于话务密度分布，优先考虑热点地区。本章在仿真环境中部署测试点，若测试点被覆盖代表热点区域被覆盖，则在规划区域内可能存在话务热点处部署测试点。借助已有的 2G 基站电子分布图，在 TD-SCDMA 网络基站选址时优先考虑与已有 2G 基站共站，基站共站能够实现 TD-SCDMA 投资最小化。

　　设 TD-SCDMA 候选基站集为 $D = \{1, 2, \cdots, n\}$，3G 基站 i 的建站代价为 $d_i (i \in D)$；已有 2G 基站为 $E = \{1, 2, \cdots, w\}$，2G 基站 j 被选用共站的代价为 $e_j (j \in E)$；测试点集为 $G = \{1, 2, \cdots, m\}$；TD-SCDMA 候选基站 i 被选中的情况为 $x_i \in \{0,1\}, i \in D$，2G 基站 j 被共站的情况为 $y_j \in \{0,1\}, j \in E$。

　　第一个目标函数是基站建设总代价，包括新建 TD-SCDMA 基站的代价和 2G 共站的代价，即

$$f_1 = \sum_{i=1}^{n} d_i x_i + \sum_{j=1}^{w} e_j y_j$$

　　第二个目标函数是测试点被覆盖的情况，若测试点 k 从基站 i 接到的信号强度大

于某个阈值 δ，则认为该测试点 k 被基站 i 覆盖。设每个基站的发射功率均为 θ；基站 i 到测试点 k 的距离为 l_{ik}；在传播路径上消耗的功率与 l_{ik} 成正比，为 λl_{ik}。测试点 k 被覆盖的情况为 $g_k(k \in G)$，即

$$g_k = \begin{cases} 1, & \exists i \in D \bigcup E \wedge (\theta - \lambda l_{ik} > \delta) \\ 0, & \text{其他} \end{cases}$$

覆盖率目标函数为

$$f_2 = \left(\sum_{k=1}^{m} g_k\right) \Big/ m$$

2.2.2　求解 TD-SCDMA 网络基站选址的免疫克隆算法

　　基站选址优化是 3G 网络优化的一个重要内容，即在考虑信号质量、建设代价、覆盖约束和其他网络参数的情况下优化基站的数目和位置，其目标是用较低的基站建设代价获得一个高覆盖率的网络。传统的数学优化算法是基于梯度的，只适用于目标函数和约束函数可微的情形，难以胜任求解决策变量多、搜索空间大的多目标优化问题[3]。近几年来，以模型（计算模型、数学模型）为基础、以分布并行计算为特征、模拟生物智能求解问题的仿生学算法（如遗传算法、免疫算法、粒子群算法、蚁群算法等）得到了迅猛的发展，出现了一些基于仿生学算法的 3G 基站选址优化方案，文献[4]给出了基站规划的数学模型和多种启发式优化算法，文献[5]提出了一种基于遗传算法的 WCDMA 网络基站规划方案。由于这些优化方案在建模时只考虑了部分参数并忽略了参数之间的关系，所以模型得到的基站部署方案可行性较差。

　　本章认为 TD-SCDMA 网络基站选址优化问题是一个两目标优化问题，其两个优化目标是：最小化建站总代价和最大化网络覆盖率。免疫优化算法采用种群进化策略在问题空间中进行大规模搜索，能在有限时间内找到次优解（或最优解），同时对目标函数和约束函数的数学形态的要求很低，目前已经成为求解优化问题的强有力工具，得到了迅速的应用推广[6-13]。基于此，本章构造了一种基于实数编码的免疫记忆克隆算法来求解基站选址优化问题，并与文献中提出的算法进行了对比实验。

　　1）抗体编码和种群初始化

　　在免疫算法中，把问题看成抗原，把问题的解看成抗体。基站参数有基站位置、基站高度、基站发射功率、载波数目、主导频率、天线方位角、天线型号、天线下倾角、2G/3G 共站情况等。实数编码在解决优化问题时，具有抗体型空间中的拓扑结构与其表现型空间中的拓扑结构一致的优点，很容易从传统优化方法中借鉴好的技巧形成有效的算子。鉴于此，本章采用了实数编码。基站选址问题涉及许多参数，一维编码难以表示抗体空间，本章采用了二维的矩阵编码，式中每一行表示一个基站的情况，矩阵的行数表示要优化的基站个数，抗体编码矩阵为

$$Ab = \begin{bmatrix} 108 & 34 & 50 & 17 & 2 & 1 & 1 & 35 & 1 & 1 \\ 108 & 35 & 52 & 16 & 2 & 2 & 2 & 34 & 1 & 0 \\ \vdots & \vdots & \vdots & \vdots & \vdots & \vdots & \vdots & \vdots & \vdots & \vdots \\ 109 & 34 & 45 & 18 & 1 & 2 & 1 & 36 & 0 & 1 \end{bmatrix}$$

该抗体矩阵还可以记为

$$Ab = [\boldsymbol{\alpha}_1 \boldsymbol{\alpha}_2 \cdots \boldsymbol{\alpha}_n]^T$$

式中，$\boldsymbol{\alpha}_i$ 是一个基站行向量，每个元素表示基站的一个参数，包括基站位置的经度、纬度、站高、发射功率、载波数目、天线方位角、天线型号、天线下倾角、与 2G 基站共站情况、与话务热点中心重叠情况。基站行向量 $\boldsymbol{\alpha}_1 = (108, 34, 50, 17, 2, 1, 1, 35, 1, 1)$ 中各个分量表示的含义如下。

108，34：该基站位置是东经 108°、北纬 34°。

50：该基站的高度为 50m。

17：该基站的最大发射功率为 17W。

2：该基站的载波数目为 2。

1：该基站天线的方位角为全向天线。

1：该基站天线的型号为 1 型天线。

35：该基站天线的下倾角为 35°。

1：该基站与 2G 基站共站。

1：该基站与某个话务热点中心重叠。

免疫算法必须要有一个初始种群，最常用的方法是随机产生整个种群。然而，既然免疫算法能够迭代地改进现有的解，那么就可以根据问题的先验知识或历史数据得到一些潜在的较好解填入初始种群。本章采用的种群产生化方式如下：首次运行本章算法时，抗体种群采用随机初始化方式；当再次运行算法时，从历史数据库（以往的求解结果）中抽取已有的优势解作为潜在较好解，并填充初始种群的 30%规模，剩余的 70%采用随机方式生成。这样做，既利用了已有的先验解作为启发式信息指导种群进化，提高了收敛速度；又保证了初始化过程的种群多样性。

2）抗体亲和度评价函数

为了降低 TD-SCDMA 网络建设代价，优先考虑 2G/3G 共站。当利用已有的 2G 基站时，仅考虑架设 TD-SCDMA 天线的代价。本章定义的建站代价目标函数为

$$f_1(Ab) = yC_1 + h_1 D_1 + h_2 D_2 \tag{2.1}$$

式中，y 为没与 2G 基站共站的基站个数；C_1 为建设一个 3G 基站的平均成本；h_1、h_2 分别为采用 1 型和 2 型天线的总个数；D_1 和 D_2 分别为 1 型和 2 型天线的成本；待规划区域需要的基站数目为 $n = h_1 + h_2$。

覆盖率越高，TD-SCDMA 网络的性能越好。因此，覆盖率目标是最大化问题。为

了便于把两个目标函数进行加权处理，把多目标问题转化为一个多目标问题，本章采用覆盖损失目标函数（盲信号区域所生成的损失），定义为

$$f_2(\text{Ab}) = C_2 \left[S - \left(n\pi r^2 - \sum_{i=1}^{n} \sum_{j=1}^{n} s_{ij} \right) \right] \tag{2.2}$$

式中，C_2 为每平方千米覆盖盲区所带来的损失；S 为待规划区域的总面积；$n\pi r^2$ 为 n 个基站覆盖的面积之和；s_{ij} 为基站 i 与基站 j 覆盖重叠区域的面积。

本章设计的抗体亲和度评价函数为

$$g(\text{Ab}) = \lambda_1 f_1(\text{Ab}) + \lambda_2 f_2(\text{Ab}) \tag{2.3}$$

式中，λ_1 为建站代价的权重系数；λ_2 为覆盖损失的权重系数。

3）抗体浓度

两个抗体之间的欧氏距离为

$$\text{eDistance}(\text{Ab}_p, \text{Ab}_q) = \sqrt{\sum_{i=1}^{n} \sum_{j=1}^{m} (\text{Ab}_p[i][j] - \text{Ab}_q[i][j])^2} \tag{2.4}$$

式中，n 为抗体矩阵的行数（基站数目）；m 为抗体矩阵的列数（基站参数的数目）。

若两个抗体的欧氏距离小于阈值 θ，则这两个抗体互为邻居抗体，即

$$\text{isNB}(\text{Ab}_p, \text{Ab}_q) = \begin{cases} 1, & \text{eDistance}(\text{Ab}_p, \text{Ab}_q) < \theta \\ 0, & \text{其他} \end{cases} \tag{2.5}$$

式中，$\text{eDistance}(\text{Ab}_p, \text{Ab}_q)$ 为抗体 Ab_p 与抗体 Ab_q 之间的欧氏距离；θ 为距离阈值。

抗体的浓度指在抗体种群中抗体的邻居数目与抗体种群规模的比值，即

$$\text{density}(\text{Ab}_p) = \frac{1}{\text{pop\_size}} \sum_{q=1}^{\text{pop\_size}} \text{isNB}(\text{Ab}_p, \text{Ab}_q) \tag{2.6}$$

式中，pop_size 为抗体种群的规模。

4）算子设计

本章算法使用了克隆增殖、克隆变异和克隆选择三个算子，各个算子的设计如下。

（1）克隆增殖算子设计如下。

对抗体 Ab_p 进行无性繁殖，产生 w 个副本，构成 Ab_p 的子代集合 $\text{cSet}(\text{Ab}_p)$，即

$$\text{cSet}(\text{Ab}_p) = \{\text{Ab}_p^{(1)}, \text{Ab}_p^{(2)}, \cdots, \text{Ab}_p^{(w)}\} \tag{2.7}$$

对克隆母体种群 $B = \{\text{Ab}_1, \text{Ab}_2, \cdots, \text{Ab}_{|B|}\}$ 进行等比例克隆，即每个抗体克隆 w 个副本，形成新的种群 C，即

$$C = \text{cSet}(\text{Ab}_1) \bigcup \text{cSet}(\text{Ab}_2) \bigcup \cdots \bigcup \text{cSet}(\text{Ab}_{|B|}) \tag{2.8}$$

（2）克隆变异算子设计如下。

设抗体 Ab_p 的矩阵表示形式为

$$Ab_p = \begin{bmatrix} \alpha_{11}^{(p)} & \alpha_{12}^{(p)} & \cdots & \alpha_{1m}^{(p)} \\ \alpha_{21}^{(p)} & \alpha_{22}^{(p)} & \cdots & \alpha_{2m}^{(p)} \\ \vdots & \vdots & & \vdots \\ \alpha_{n1}^{(p)} & \alpha_{n2}^{(p)} & \cdots & \alpha_{nm}^{(p)} \end{bmatrix}$$

随机选取抗体矩阵 Ab_p 的第 $i(1 \leqslant i \leqslant n)$ 行第 $j(1 \leqslant j \leqslant m)$ 列对应的元素 $\alpha_{ij}^{(p)}$，按照式（2.9）进行微调，得到 $\alpha_{ij}^{(p)'}$，微调后的抗体 Ab_p，记为 Ab_p'：

$$\alpha_{ij}^{(p)'} = \begin{cases} \alpha_{ij}^{(p)} + \xi_{ij}, & \text{rand}(1) \geqslant 0.5 \\ \alpha_{ij}^{(p)} - \xi_{ij}, & \text{其他} \end{cases} \tag{2.9}$$

式中，ξ_{ij} 为对第 i 个基站第 j 个参数的微调幅度值。

按照上述方法，对克隆后生成的抗体种群 C 中的抗体逐个进行变异，生成新的抗体种群 C'。

（3）克隆选择算子设计如下。

为了保证种群多样性，在克隆选择时，本章采用了反比于浓度正比于亲和度的选择机制，即

$$\text{probability}(Ab_p) = \frac{1}{\text{density}(Ab_p)} \cdot \frac{g(Ab_p)}{\sum\limits_{q=1}^{\text{pop\_size}} g(Ab_q)} \tag{2.10}$$

式中，$\text{density}(Ab_p)$ 为抗体 Ab_p 的浓度；$g(Ab_p)$ 为抗体 Ab_p 的亲和度。

5）免疫记忆克隆算法描述

设抗体种群为 A，其种群规模为 n_A；记忆种群为 M，其种群规模为 n_M；克隆母体种群为 B，其种群规模为 n_B；克隆后生成种群为 C，其种群规模为 n_C。本章设计的免疫记忆克隆算法描述如下。

（1）给定抗体种群规模 n_A、克隆母体种群规模 n_B、记忆种群规模 n_M、最大迭代次数 tMax，初始化进化代数 $t = 0$。

（2）初始化抗体种群。若是首次运行该算法，则随机产生 n_A 个抗体构成抗体种群 $A(0)$；否则把算法上次运行结束时记忆库中的 n_M 个优秀抗体（较优解）和随机产生的 $n_A - n_M$ 个抗体组成抗体种群 $A(0)$。选择抗体种群 $A(0)$ 的前 n_M 个抗体构成记忆种群 $M(0)$。

（3）计算 $A(t)$ 中每个抗体的亲和度，并按照抗体亲和度对 $A(t)$ 中的抗体降序排序。选择 $A(t)$ 中前 n_B 个抗体构成克隆母体种群 $B(t)$。

（4）对 $B(t)$ 进行克隆增殖操作生成种群 $C(t)$。

（5）对 $C(t)$ 进行克隆变异操作，生成种群 $C(t)'$。

（6）计算种群 $A(t) \bigcup C(t)'$ 中每种抗体的浓度与亲和度。

（7）利用 $A(t) \bigcup C(t)'$ 中高亲和度抗体更新记忆种群 $M(t)$。

（8）对种群 $A(t) \bigcup C(t)'$ 进行克隆选择，生成种群 $A(t+1)$。

（9）若 $t > \text{tMax}$，则输出 $M(t)$；否则令 $M(t+1) = M(t)$，$t = t+1$，转到第（3）步。

2.2.3　算法收敛性分析

定义 2.1　设 f^* 为目标函数的最优值，称 $Z = \{A \mid \min(f(A) = f^*, \forall A \in I^n\}$ 为满意种群集（对于最小化问题），即满意种群集中的任意抗体种群 A 中至少包含一个最优解。

定理 2.1　免疫克隆算法的抗体种群序列 $\{A(t), t \geq 0\}$ 是有限非齐次马尔可夫链。

证明　对于实数编码的普通抗体，在给定精度后，变量将在一定的范围内取值，因此抗体种群中每个抗体分量为离散实数，由于受计算机硬件精度的影响，个体的编码是有限位的，免疫克隆算法的状态变化都是在有限状态 I^n 中进行的，种群序列 $A(t)$ 是有限的。又因为克隆增殖、变异、选择操作与种群状态无关，所以种群序列是非齐次的。算法的每一次迭代过程可看成在种群状态空间中，从一个状态转移到另一个状态的过程，因此算法的种群序列是有限非齐次马尔可夫链。

定理 2.2　免疫记忆克隆算法的抗体种群序列 $\{A(t), t \geq 0\}$ 以概率 1 收敛到满意种群集 Z，即对于任意的初始状态 A_0，有 $\lim\limits_{t \to \infty} P\{A(t) \in Z \mid A(0) = A_0\} = 1$。

证明　不失一般性，假设 $f(A)$ 只有唯一最小值解。$\forall a_i(t) \in A(t), 1 \leq i \leq n$，记 $F(A(t)) = \min\{f(a_i(t))\}$，$X = A(k)$，$Y = A(k+1)$，$p_{XY}(k) = p(X \to Y)$，称 $\boldsymbol{P}(t) = (p_{XY}; X, Y \in I^n)$ 为状态转移矩阵。设免疫记忆克隆算法的克隆增殖、变异、选择算子分别为 T_c^C、T_m^C、T_s^C。由于克隆选择的性质，所以选择概率 p_s^t 为

$$p_s^t = \begin{cases} 0, & F(X) \leq F(Y) \\ 1, & \text{其他} \end{cases}$$

当 $F(X) \leq F(Y)$ 时，$p_{XY}(t) = p\{T_s^C \circ T_m^C \circ T_c^C(X) = Y\} = 0$；当 $F(X) > F(Y)$ 时，$p_{YZ} > 0$。

记 $\overline{\boldsymbol{P}}(\infty) = \lim\limits_{t \to \infty} \boldsymbol{P}(t) = (P_\infty(X, Y); X, Y \in I^n)$，则

$$P_\infty(X, Y) = \begin{cases} > 0, & F(Y) \leq F(X) \\ = 0, & F(Y) > F(X) \end{cases}$$

显然，$\overline{\boldsymbol{P}}(\infty)$ 是随机矩阵。由于 Z 是 $\overline{\boldsymbol{P}}(\infty)$ 的非周期正常返类，$\overline{Z} = I^n - Z$ 是非周期正常返类，所以 $\{A(t); \ t \geq 0\}$ 是强遍历的。对于任意的初始状态 A_0，有 $\lim\limits_{t \to \infty} P\{A(t) =$

$Y\,|\,A(0)=A_0\}=\pi_\infty(Y)$ 且 $\sum\limits_{Y\in Z}\pi_\infty(Y)=1$。于是 $\lim\limits_{t\to\infty}P\{A(t)\in Z\,|\,A(0)=A_0\}=\sum\limits_{Y\in Z}\pi_\infty(Y)=1$，

证毕。

2.2.4　仿真实验及结果分析

仿真实验环境如下。以豫东平原上某县市的 TD-SCDMA 网络基站规划作为实验数据。该市 TD-SCDMA 网络的规划覆盖区域为 20km×20km；基站经纬度范围为东经 114.2°～114.3°、北纬 33.3°～33.4°；基站高度为 40～50m；基站发射功率为 40～45W；基站载波数目为 1～3 个；天线有 8 阵元全向天线和定向天线两种；天线型号有机械调控和电子调控两种；天线下倾角为 30°～50°；已有 2G 基站分布数据库和话务热点分布数据库。

为了验证本章免疫克隆算法的性能，在 Pentium Ⅳ 2.0GHz 主频 CPU、2GB 内存的 IBM 兼容机器上，对文献[5]的算法和本章免疫克隆算法进行了对比实验。

文献[5]的遗传算法的交叉概率取 0.7，变异概率取 0.1；本章免疫克隆算法的记忆种群规模取 30，克隆母体种群规模取 20。两种算法的种群规模均取 100，最大进化代数均取 1500。对文献[5]算法和本章免疫克隆算法各运行 10 次，取算法各项性能的平均值进行比较。需要说明的是，本章免疫克隆算法首次运行时初始种群中的抗体全部是随机产生的，其他各次运行均利用了上次的运行结果，即上次求得的优势抗体和随机产生的部分抗体共同组成初始种群。

两种算法的方案代价随进化代数的变化情况如图 2.1 所示。

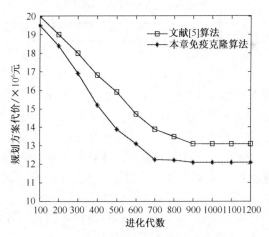

图 2.1　两种算法的方案代价随进化代数的变化情况

从图 2.1 可以看出，随进化代数的增加，本章免疫克隆算法的方案代价下降速度较快，这说明本章免疫克隆算法的收敛性能优于文献[5]的算法。

衡量基站规划方案优劣的另一个主要指标是覆盖率与建站代价数的比值，其比值

反映了规划方案的性价比。两种算法的规划方案性价比随进化代数的变化如图 2.2 所示。

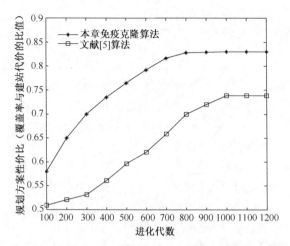

图 2.2　两种算法的规划方案性价比随进化代数的变化

从图 2.2 可以看出，本章免疫克隆算法所得规划方案的性价比一直高于文献[5] 的算法。这说明本章免疫克隆算法具有较强的局部寻优能力，可以用较低的建设代 价获得较高的网络覆盖率。

两种算法的平均性能如表 2.1 所示。

表 2.1　两种算法的平均性能

算　　法	建站代价/×10^6元	覆盖率/%	收敛代数	运行时间/s
文献[5]算法	12.99	95.9	910	320.5
本章免疫克隆算法	11.87	98.5	705	465.6

从表 2.1 可以看出，本章免疫克隆算法方案的平均建站代价和覆盖率显著地优于 文献[5]的算法，这是因为本章免疫克隆算法充分利用了已有 2G 基站分布信息进行共 站规划，减少了新建 3G 基站的数目，大大降低了网络建设成本。本章免疫克隆算法 平均进化 705 代开始收敛，而文献[5]算法平均进化 910 代才开始收敛，这说明本章免 疫克隆算法收敛性能也优于文献[5]算法。在算法耗时性能上，本章免疫克隆算法稍逊 色于文献[5]算法，这是因为本章免疫克隆算法在依次迭代中，需要计算两次亲和度， 这增加了算法的运行时间。但是，用稍长的运行时间换取其他各项性能指标的提高， 是可以接受的。

运行 10 次后，本章免疫克隆算法的优化结果如图 2.3 所示。从图 2.3 可以看出， 本章免疫克隆算法方案共有 8 个与 2G 基站共站的 3G 基站，这大大地降低了建站代价。 从图 2.3 还可以看出，每个基站很好地覆盖了话务热点区域，覆盖盲区很少，能够提 供较好的网络通话质量。

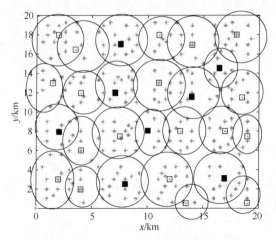

图 2.3　本章方案求出的基站选址优化结果

﹡代表话务热点；▫代表新建的 3G 基站；■代表与 2G 共站的 3G 基站；○代表基站的覆盖范围

2.3　WCDMA 网络的基站选址优化

2.3.1　WCDMA 网络基站选址问题描述

1. 链路预算

　　基站选址优化的目标是确定满足覆盖和容量需求的最小基站数目。由于 WCDMA 网络存在较明显的呼吸效应，即容量与覆盖相互影响，基站规划问题变得很复杂。本节使用了链路预算和负载因子来评估容量约束下需要的基站数目。

　　链路预算用于确定 WCDMA 网络的最大可接受路径损耗，使用合适的传播模型和路径损耗，可以计算出小区的最大半径。本章用链路预算来确定一个基站的最大覆盖面积。对于宏小区蜂窝网络覆盖情况，普遍采用的传播模型是 Cost 231 Hata 模型[14]，该模型路径损耗计算公式为

$$
\begin{aligned}
\mathrm{PL} = {}& 46.3 + 33.9\lg f - 13.82\lg h_\mathrm{b} - \alpha(h_\mathrm{t}) \\
& + (44.9 - 6.55\lg h_\mathrm{b})\lg r + C_\mathrm{cell} + C_\mathrm{terrain} + C_\mathrm{m}
\end{aligned}
\tag{2.11}
$$

式中，f 是基站的工作频率；h_b 是基站天线的有效高度，即基站天线实际海拔高度与天线传播范围内平均地面海拔高度之差；h_t 是终端天线的有效高度，即终端天线高出地表的高度；r 是基站天线与终端天线间的水平距离；$\alpha(h_\mathrm{t})$ 为终端天线的修正因子，其数值与所处的无线环境相关；C_cell 为小区类型修正因子；C_terrain 为地形校正因子；C_m 为大城市中心校正因子。当给定 WCDMA 网络工作参数后，式（2.11）可以简化为

$$PL = \lambda \lg r + \theta \tag{2.12}$$

式中，λ 为基站半径项的系数；θ 为一个常数。当给出网络可接受的最大路径损耗功率值（单位：dB）后，利用式（2.12）就可得到基站的最大覆盖半径 r。小区的最大面积为

$$CA_{PL} = \frac{3\sqrt{3}}{2} r^2 \tag{2.13}$$

2. 上下行链路负载因子

负载因子用于估计每个基站支持的用户的总数目。负载因子确定后，就可以确定一个基站支持的用户数目。上行链路负载因子计算公式为

$$\eta_{UL} = (1 + \xi) \sum_{j=1}^{N} \frac{(E_b / N_0)_j R_j v_j}{(E_b / N_0)_j R_j v_j + W} \tag{2.14}$$

式中，ξ 为其他小区干扰与本小区干扰的比值；N 为每小区用户数目；$(E_b / N_0)_j$ 为第 j 个用户的每比特信号能量；R_j 为第 j 个用户的比特速率；v_j 为第 j 个用户的激活因子；W 为码片速率。

假定每个用户的每比特信号能量、比特速率和激活因子都相同，当给定 WCDMA 网络工作参数后，可得到上行链路支持的最大用户数目，即

$$N_{UL} = \lambda_1 \eta_{UL} \tag{2.15}$$

同样的方式，得到下行链路支持的最大用户数目，即

$$N_{DL} = \lambda_1 \eta_{DL} \tag{2.16}$$

由于 WCDMA 网络的上下行采用了频分复用，所以每小区支持的用户数目应取 $\min(N_{UL}, N_{DL})$。负载因子约束下小区面积为

$$CA_{UD} = \frac{\min(N_{UL}, N_{DL})}{UD} \tag{2.17}$$

式中，UD 为用户密度。

考虑到 WCDMA 网络运营商的运营效益，设其可接受的最小用户密度为 UD_{min}，WCDMA 系统支持的最大用户密度为 UD_{max}，则负载因子约束下的小区面积应满足

$$\frac{\min(N_{UL}, N_{DL})}{UD_{min}} \leqslant CA_{UD} \leqslant \frac{\min(N_{UL}, N_{DL})}{UD_{max}} \tag{2.18}$$

3. 容量约束下的小区面积

考虑到 WCDMA 系统的呼吸效应[15, 16]，即小区容量越大，其网络支持的小区面积越小。由于呼吸效应的影响，在基站规划时小区面积取值为

$$CA = \min(CA_{PL}, CA_{UD}) \tag{2.19}$$

　　从式（2.19）可以看出，在容量约束下小区面积取的是较小值，即在一个规划区域中，基站的数目应取较大值。

2.3.2　基于免疫计算的 WCDMA 网络基站选址方法

　　移动通信在近几年得到了飞速发展，WCDMA 作为第三代移动通信系统标准之一，在许多国家得到了部署。WCDMA 网络规划的一个重要内容就是基站规划，即在考虑信号质量、建设代价、覆盖约束和其他网络参数的情况下规划基站的数目和位置。WCDMA 网络基站选址优化问题是一个 NP-hard 问题，引起了国内外学者的广泛关注，文献[4]给出了 WCDMA 网络基站选址优化的数学模型和启发式优化算法，但是其模型中，没把容量这个重要的要素考虑进去；文献[17]基于滚动窗优化方法，把全局优化问题分解成一个个局部优化子问题，解决的是宏区域 WCDMA 网络基站优化问题，但是其优化性能尚需进一步提高；文献[18]给出了一种基于遗传算法的 WCDMA 网络基站选址优化方案，其缺陷是算法收敛速度较慢，不适宜解决大规模基站优化问题。

　　在 WCDMA 系统中，基站规划的主要目标是在保证所有的测试点都被覆盖的情况下，从候选站址集合中选择一个最小规模的子集合来建设基站，从而使基站的建设代价最小。本章把 WCDMA 网络基站选址优化建模成约束多目标优化问题，给出了一种基于免疫计算的 WCDMA 网络基站选址优化方案。

　　1.　编码方案及种群初始化

　　由于在选址优化中每个候选站址只有被选中与没被选中两种情况，采用二进制编码是适宜的。在免疫算法中，把要解决的问题看成抗原，把问题的解看成抗体。每个抗体对应一种选址优化方案，每个候选站址对应基因座的值表示了该站址被选中的情况。设候选站址集为 BSs，每个候选站址 $i(i \in BSs)$ 被选中情况为

$$b_i = \begin{cases} 1, & \text{站址 } i \text{ 被使用} \\ 0, & \text{其他} \end{cases} \tag{2.20}$$

抗体记为 $\mathrm{Ab} = (b_1, b_2, \cdots, b_n)$，式中，$b_i \in \{0,1\}(i = 1, 2, \cdots, n)$ 为第 i 个基站站址被选中的情况，n 为基站候选站址数目。

　　免疫算法必须要有一个初始种群，本章采用随机方式产生整个初始种群。由于呼吸效应的影响，小区容量制约了基站的覆盖面积。当给定待规划区域的链路预算值、上下行负载因子和小区用户密度等相关参数后，根据本章前面的讨论结果，可以得到该区域需要的最少基站数目。为了提高算法的收敛性能，在随机产生抗体时，应确保每个抗体基因座值为 1 的总位数大于或等于该区域需要的最少基站数目。把初始化时抗体基因座值为 1 的总位数与抗体编码长度的比值称为初始化概率。

　　2.　抗体亲和度

　　把优化问题看成抗原，把问题的解看成抗体，则抗体亲和度是衡量解质量的一个

主要指标。设基站候选站址集为 BSs，基站 i 的建站代价为 c_i，测试点集合为 TPs，测试点 j 没被基站覆盖所产生的损失为 l_j。测试点 j 被基站 i 覆盖情况为

$$x_j = \begin{cases} 1, & d_{i,j} > \varepsilon, \forall i \in \text{BSs} \\ 0, & \text{其他} \end{cases} \tag{2.21}$$

式中，$d_{i,j}$ 为基站 i 与测试点 j 之间的距离；ε 为距离阈值。

本章设计的抗体亲和度评价函数为

$$f(\text{Ab}_p) = \lambda_1 \sum_{i=1}^{n} c_i^p b_i^p + \lambda_2 \sum_{j=1}^{m} l_j x_j \tag{2.22}$$

式中，λ_1 为建站代价的权重系数；λ_2 为覆盖损失的权重系数。

3. 抗体浓度

从抗体编码形式可以看出，两个抗体的差异性表现为所有基站被选中情况的差异，本章把抗体编码中的差异值作为抗体间的距离，其计算公式为

$$d(\text{Ab}_p, \text{Ab}_q) = \sum_{i=1}^{n} \left| b_i^p - b_i^q \right| \tag{2.23}$$

抗体间距离小于阈值 θ 时，互为邻居抗体，即

$$\text{nb}(\text{Ab}_p, \text{Ab}_q) = \begin{cases} 1, & d(\text{Ab}_p, \text{Ab}_q) < \theta \\ 0, & \text{其他} \end{cases} \tag{2.24}$$

抗体 Ab_p 浓度指在抗体种群中邻居数目与种群规模的比值，即

$$g(\text{Ab}_p) = \sum_{q=1}^{\text{pop\_size}} \text{nb}(\text{Ab}_p, \text{Ab}_q) \Big/ N \tag{2.25}$$

式中，N 为抗体种群的规模。

4. 算子设计

本章设计的带记忆库免疫优化算法使用了克隆变异和抗体浓度抑制两个算子。

克隆变异：对抗体 Ab_p 产生 M 个克隆副本，记为 $\text{Ab}_p^{(1)}, \text{Ab}_p^{(2)}, \cdots, \text{Ab}_p^{(M)}$。对抗体 Ab_p 的克隆副本 $\text{Ab}_p^{(i)}(i=1,2,\cdots,M)$ 的所有基因位，按照概率变异得到 $\text{Ab}_p^{(i)'}$。

抗体浓度抑制：计算抗体种群和克隆副本种群中各个抗体的浓度，选取浓度较低且亲和度较高的 N_p 个抗体和随机产生的 $N - N_p$ 个抗体共同组成新一代种群。

5. 算法描述

带记忆库免疫优化算法描述如下。

（1）输入抗体种群规模 N、记忆种群规模 W、克隆母体种群规模 X。

（2）初始化抗体种群。随机产生 N 个抗体构成初始种群 A_0；从种群 A_0 中取 W 个抗体构成记忆种群。

（3）从第 t 代种群 A_t 中选择前 X 个抗体构成克隆母体种群 $B_t = \{Ab_1, Ab_2, \cdots, Ab_X\}$；对 B_t 中的抗体进行克隆变异得到克隆副本种群 C_t。

（4）计算 $A_t \cup C_t$ 中每种抗体的亲和度，按照亲和度值降序排列。

（5）从 $A_t \cup C_t$ 中选取亲和度高的一些抗体替换记忆种群中的部分抗体。

（6）对种群 $A_t \cup C_t$ 实施抗体浓度抑制操作生成新一代种群，令 $t = t + 1$。

（7）若满足终止条件，则输出记忆种群中亲和度最高的那个抗体，算法结束；否则转到第（3）步。

2.3.3　仿真实验及结果分析

为了验证带记忆库免疫优化算法的性能，对带记忆库免疫优化算法和文献[18]算法的性能进行对比实验。采用文献[18]的实验数据：一个 20km×20km 的平坦区域，上行链路速率为 64bit/s，下行链路速率为 144bit/s，单载频，128 个测试点。设该区域基站候选站址集合为 BSs = {1,2,···,60}，测试点集合为 TPs = {1,2,···,128}，并假定每个候选站址的建站代价相同，每个测试点没被覆盖所产生的损失相同，基站候选站址和测试点分布如图 2.4 所示。该规划问题从 60 个基站候选站址中至少选 32 个。其目标是最小化建站代价、最大化网络覆盖率。

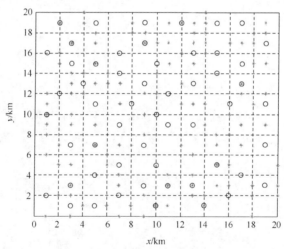

图 2.4　测试点及候选基站分布图

＊代表测试点；○代表基站候选站址

两种算法的种群规模均取 100，最大进化代数均取 1200，个体均采用二进制编码，编码长度为 60bit。文献[18]算法的初始化概率取 0.9，变异概率取 0.6，交叉功率取 0.8；带记忆库免疫优化算法的基站与测试点的距离阈值 ε 取 0.5km，抗体间距离阈值 θ 取 50，初始化概率取 0.6，克隆变异概率取 0.6，记忆种群规模 W 取 30，克隆母体种群规模 X 取 60，克隆副本个数 M 取 10。

需要说明的是，带记忆库免疫优化算法考虑了呼吸效应的影响，根据文献[18]的实验环境参数，通过上面叙述的计算公式得出了该 20km×20km 平坦区域至少需要 32 个全向天线基站。带记忆库免疫优化算法的初始化概率取 0.6；而文献[18]的算法没考虑呼吸效应的影响，初始化概率取 0.9。

在 Pentium Ⅳ 2.0GHz 主频 CPU、2GB 内存的 IBM 兼容机器上，依次对文献[18]算法和带记忆库免疫优化算法各运行 10 次，取平均值，两个算法的优化效果如图 2.5 所示。

从图 2.5 可以看出，随进化代数的增加，带记忆库免疫优化算法的平均优化方案代价下降速度较快，这说明带记忆库免疫优化算法的收敛性能优于文献[18]算法。

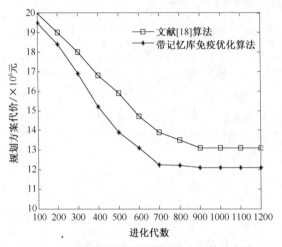

图 2.5　两种算法方案代价随进化代数的变化

衡量基站规划方案优劣的另一个主要指标是覆盖率与所用基站数的比值，其比值反映了规划方案的性价比。两种算法规划方案覆盖率与所用基站数的比值如图 2.6 所示。

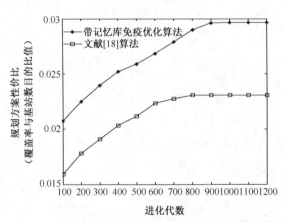

图 2.6　两种算法方案性价比随进化代数的变化

从图 2.6 可以看出，带记忆库免疫优化算法所得规划方案的性价比一直高于文献[18]算法。这说明带记忆库免疫优化算法具有较强的局部寻优能力，可以用较少的基站获得同样的覆盖率。

带记忆库免疫优化算法的最终优化结果是使用基站数目为 32，测试点覆盖率为 91.5%，如图 2.7 所示。

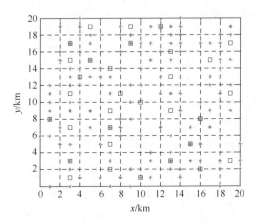

图 2.7　测试点及候选基站分布图

* 代表测试点；□代表选中的基站

2.4　IEEE 802.16j 网络基站及中继站选址优化

2.4.1　802.16j 网络基站及中继站选址优化问题的数学模型

2009 年 7 月，IEEE 802.16j 标准获得批准，并由 IEEE 出版。与经典的单跳无线网络相比，中继站的引入使得 IEEE 802.16j 多跳网络具有以较低成本提供较高容量增益的优势，这个优势对移动通信网络运营商很有吸引力[19]。

当 IEEE 802.16j 中继系统在透明中继模式下时，移动站（Subscriber Station，SS）从基站接收同步信息和帧头信息，从中继站（Relay Station，RS）接收数据，在用户看来好像没有中继站，即对用户透明。这个模式要求移动站必须处在基站的覆盖范围内以保证能中继传播。

透明中继模式主要用于增强 802.16j 网络的小区容量，由于小区覆盖范围有限，一般把 IEEE 802.16j 中继系统设计成两跳网络，即一个小区至多存在一个中继站。那么在网络优化时，需要确定的是某个特定区域的移动站是直接与一个基站建立关联还是通过一个中继站与一个基站间接建立关联，即移动台如何选择路径。802.16j 网络中存在 3 种链路：移动台到中继站之间的链路（记为 SS-RS）、移动台到基站之间的链路

（记为 SS-BS）和中继站到基站之间的链路（记为 RS-BS）。本章采用评估法为每个链路赋一个权重，并规定移动台总是选择累积权重最小的路径。

本章关注的问题是 802.16j 两跳网络基站中继站选址优化问题，即从给定的基站和中继站候选站址集合中确定一个以最低代价满足用户需求的站址子集合。

本章定义的系统输入参数如下。

$T = \{1, 2, \cdots, p\}$：测试点集。

$R = \{1, 2, \cdots, m\}$：中继站候选站址集。

$B = \{1, 2, \cdots, n\}$：基站候选站址集。

$c_k^b (k \in B)$：基站 k 的建站代价。

$c_j^r (j \in R)$：中继站建站代价。

$u_i (i \in T)$：测试点 i 的传输需求。

$l_{i,j} (i \in T, j \in R)$：测试点 i 与中继站 j 间的链路传播损耗。

$l_{j,k} (j \in R, k \in B)$：中继站 j 与基站 k 间的链路传播损耗。

$l_{i,k} (i \in T, k \in B)$：测试点 i 与基站 k 间的链路传播损耗。

$l_{i,j,k} (i \in T, j \in R, k \in B)$：测试点 i、中继站 j 与基站 k 间的路径传播损耗。

$w_{i,j} (i \in T, j \in R)$：测试点 i 与中继站 j 间的链路权重。

$w_{j,k} (j \in R, k \in B)$：中继站 j 与基站 k 间的链路权重。

$w_{i,k} (i \in T, k \in B)$：测试点 i 与基站 k 间的链路权重。

$w_{i,j,k} (i \in T, j \in R, k \in B)$：测试点 i、中继站 j 与基站 k 间的路径累积权重。由于透明中继模式下，所有的测试点必须在基站的覆盖范围内，所以每个 TP-RS-BS 路径的累积权重为链路 TP-RS 与链路 RS-BS 的权重之和。

一个站（基站或中继站）的覆盖范围受该站与测试点之间的链路权重所影响。函数 $g(w)$ 用来确定一个测试点被一个站覆盖的情况，该函数定义为

$$g(w) = \begin{cases} 0, & w = \infty \\ 1, & w \neq \infty \end{cases}$$

当测试点不在基站的覆盖范围内时，该测试点与基站之间的链路权重 w 取无穷大。

测试点（或中继站）被基站或中继站覆盖情况如下。

$y_{i,j} = g(w_{i,j})(i \in T, j \in R)$：测试点 i 被中继站 j 覆盖。

$y_{i,k} = g(w_{i,k})(i \in T, k \in B)$：测试点 i 被基站 k 覆盖。

$y_{j,k} = g(w_{j,k})(j \in R, k \in B)$：中继站 j 被基站 k 覆盖。

本章使用了 7 个决策变量，定义如下。

$x_{i,j} \in \{0,1\}(i \in T, j \in R)$：测试点 i 与中继站 j 之间链路的存在性。

$x_{i,k} \in \{0,1\}(i \in T, k \in B)$：测试点 i 与基站 k 之间链路的存在性。

$x_{j,k} \in \{0,1\}(j \in R, k \in B)$：中继站 j 与基站 k 之间链路的存在性。

$x_{i,j,k} \in \{0,1\}(i \in T, j \in R, k \in B)$：测试点 i、中继站 j 与基站 k 之间路径的存在性。

$r_j \in \{0,1\}(j \in R)$：中继站 j 被选中情况。

$b_k \in \{0,1\}(k \in B)$：基站 k 被选中情况。

$q_{j,k} \in \{0,1\}(j \in R, k \in B)$：中继站 j 与基站 k 之间链路的存在性掩码，用于确保每个中继站只与一个基站关联。

本章建立的数学模型为

$$\min\left[\lambda_1\left(\sum_{j=1}^{m} c_j^r r_j + \sum_{k=1}^{n} c_k^b b_k \right) + \lambda_2\left(\sum_{j=1}^{m}\sum_{k=1}^{n} l_{j,k} x_{j,k} + \sum_{i=1}^{p}\sum_{j=1}^{m}\sum_{k=1}^{n} l_{i,j,k} x_{i,j,k} \right) \right]$$

$$\text{s.t.} \quad \sum_{i=1}^{p} x_{i,k} u_i w_{i,k} + \sum_{i=1}^{p}\sum_{j=1}^{m} x_{i,j,k} u_i w_{i,j,k} < \Omega, \quad \forall k \in B \tag{2.26}$$

$$x_{i,j,k} \leqslant y_{i,j} \wedge y_{i,k}, \quad \forall i \in T, \forall j \in R, \forall k \in B \tag{2.27}$$

$$x_{i,k} \leqslant y_{i,k}, \quad \forall i \in T, \forall k \in B \tag{2.28}$$

$$q_{j,k} \leqslant y_{j,k}, \quad \forall j \in R, \forall k \in B \tag{2.29}$$

$$\sum_{j=1}^{m}\sum_{k=1}^{n} x_{i,j,k} + \sum_{k=1}^{n} x_{i,k} = 1, \quad \forall i \in T \tag{2.30}$$

$$\sum_{k=1}^{n} q_{j,k} = r_j, \quad \forall j \in R \tag{2.31}$$

$$x_{i,j,k} \leqslant q_{j,k}, \quad \forall i \in T, \forall j \in R, \forall k \in B \tag{2.32}$$

$$x_{j,k} \leqslant b_k, \quad \forall j \in R, \forall k \in B \tag{2.33}$$

$$q_{j,k} \leqslant b_k, \quad \forall j \in R, \forall k \in B \tag{2.34}$$

目标函数中的第一部分是基站和中继站的建站总代价，第二部分是总路径损耗；式（2.26）保证每个基站的负载不超过最大负载 Ω；式（2.27）保证每一个与中继站关联的测试点必须处在基站和中继站覆盖范围内；式（2.28）和式（2.29）保证每个与中继站直接关联的测试点必须在一个基站的覆盖范围内；式（2.30）保证一个测试点只与一个中继站或一个基站关联；式（2.31）和式（2.32）保证若一个中继站被选中，该中继站只能和一个基站关联；式（2.33）和式（2.34）保证每个测试点或中继站只能和一个被选中的基站关联。

在模型求解时，通过消除与不可行链路关联的决策变量，可以大大地缩减决策变量数目。例如，$\forall i \in T, \forall j \in R, \forall k \in B$，当 $w_{i,j,k} \geqslant w_{i,k}$ 时，可移除决策变量 $x_{i,j,k}$。

2.4.2　基于免疫计算的 802.16j 网络基站和中继站选址方法

802.16j 网络基站和中继站选址优化问题引起了业界的广泛关注，文献[20]和文献[21]

设计了一个中继体系结构下的理想覆盖问题的整数规划模型，但是在该模型中没有把容量这个重要的要素考虑进去；文献[22]和文献[23]利用协同中继技术来解决 802.16j 网络环境下中继站选址优化问题，但协作中继是 802.16j 网络的一个可选功能，许多网络部署可能没有使用；文献[24]给出了一个基于遗传算法的基站和中继站选址优化方案。

本章把基站和中继站选址优化问题建模为约束多目标优化问题，给出了一种基于免疫计算的 802.16j 基站和中继站选址优化方案。

1. 编码方案及种群初始化

设候选站址集为 S，每个候选站址 $i(i \in S)$ 被选中情况为

$$u_i = \begin{cases} 1, & \text{站址 } i \text{ 被选中} \\ 0, & \text{其他} \end{cases} \quad (2.35)$$

为了便于处理，把基站候选站址放在中继站候选站址的前面。抗体记为 Ab = $(b_1, b_2, \cdots, b_n, r_1, r_2, \cdots, r_m)$，式中，$b_k \in \{0,1\}(k = 1, 2, \cdots, n)$ 为第 k 个基站站址被选中情况，n 为基站候选站址数目；$r_j \in \{0,1\}(j = 1, 2, \cdots, m)$ 为第 j 个中继站站址被选中情况，m 为中继站候选站址数目。

免疫算法必须要有一个初始种群，最常用的方法是随机产生整个初始种群。由于免疫算法能够迭代地改进现有的解，所以可以根据问题的先验知识或历史数据得到一些潜在的较好解填入初始种群。本章采用的种群初始化方式是：一部分抗体来自免疫记忆库（历史数据），剩余的抗体采用随机方式生成。利用已有的先验解作为启发式信息指导种群进化，可以提高收敛速度；随机产生的抗体保证了初始化过程的种群多样性。

2. 抗体-抗原亲和度函数

把优化问题看成抗原，把问题的解看成抗体，则抗体-抗原亲和度是衡量解质量的一个主要指标。本章设计的抗体-抗原亲和度评价函数为

$$f(\text{Ab}) = \lambda_1 \left(\sum_{j=1}^{m} c_j^r r_j + \sum_{k=1}^{n} c_k^b b_k \right) + \lambda_2 \left(\sum_{j=1}^{m} \sum_{k=1}^{n} l_{j,k} x_{j,k} + \sum_{i=1}^{p} \sum_{j=1}^{m} \sum_{k=1}^{n} l_{i,j,k} x_{i,j,k} \right) \quad (2.36)$$

3. 抗体浓度

从抗体形式可以看出，抗体是由基站优化部分和中继站优化部分组成的。两个抗体的差异性表现为基站部分的差异和中继站部分的差异的累加，因此本章把抗体编码中差异累加值作为两个抗体间的距离，其计算公式为

$$\text{dist\_Abs}(\text{Ab}_p, \text{Ab}_q) = \sum_{i=1}^{n+m} \left| \text{Ab}_p[i] - \text{Ab}_q[i] \right| \quad (2.37)$$

邻居抗体指与某抗体的距离小于某个阈值 θ 的抗体，即

$$\text{neighbor}(\text{Ab}_p, \text{Ab}_q) = \begin{cases} 1, & \text{dist\_Abs}(\text{Ab}_p, \text{Ab}_q) < \theta \\ 0, & \text{其他} \end{cases} \quad (2.38)$$

抗体的浓度指在抗体种群中抗体的邻居数目与抗体种群规模的比值，即

$$\text{concentration}(\text{Ab}_p) = \sum_{q=1}^{\text{pop\_size}} \text{neighbor}(\text{Ab}_p, \text{Ab}_q) / \text{pop\_size} \quad (2.39)$$

式中，pop_size 为抗体种群的规模。

4. 抗体有效性检测

在免疫进化过程中可能产生不可行解，对抗体进行有效性检测是必需的，抗体有效性检测的方法如下：对抗体进行解码，得到被选中的基站和中继站；确定决策变量的值；逐个验证约束条件满足情况，只有满足全部约束条件的抗体才是有效的。

5. 算子设计

本章提出的免疫算法使用了克隆增殖、低频变异和克隆选择三个算子。

克隆增殖算子：对抗体 Ab_p 产生 M 个克隆副本，记为 $\text{Ab}_p^{(1)}, \text{Ab}_p^{(2)}, \cdots, \text{Ab}_p^{(M)}$。

低频变异算子：对抗体 Ab_p 的某个克隆副本 $\text{Ab}_p^{(i)}(i=1,2,\cdots,M)$，随机选择一个基因座位置 $k(k=1,2,\cdots,n+m)$，把该基因座的值取反，而其他 $n+m-1$ 个基因座的值保持不变，得到 $\text{Ab}_p^{(i)'}$。

克隆选择算子：采用轮盘法进行概率选择，每个抗体被选中进入下一代的概率为

$$\text{probability}(\text{Ab}_p) = \frac{f(\text{Ab}_p)}{\sum_{q=1}^{\text{pop\_size}} f(\text{Ab}_q)} \quad (2.40)$$

6. 算法描述

本章提出的免疫算法描述如下。

（1）输入抗体种群规模 N、记忆库种群规模 W、克隆母体种群规模 X 和克隆副本个数 M。

（2）初始化抗体种群。若抗体记忆库 Ab_Member 为空（首次处理），则随机产生 N 个抗体构成初始种群；否则由 Ab_Member 中的 W 个抗体和随机产生的 N–W 个抗体共同构成初始种群 $A(0)$。

（3）计算第 t 代种群 $A(t)$ 中每个抗体的亲和度，并按亲和度值降序排序。

（4）选择 $A(t)$ 中的前 X 个抗体构成克隆母体种群 $B(t) = \{\text{Ab}_1, \text{Ab}_2, \cdots, \text{Ab}_X\}$。

（5）利用克隆增殖算子对 $B(t)$ 中的抗体 $\text{Ab}_p(p=1,2,\cdots,X)$ 繁殖 M 个克隆副本，记为 $\text{Ab}_p^{(1)}, \text{Ab}_p^{(2)}, \cdots, \text{Ab}_p^{(M)}$。

（6）对 $B(t)$ 中每个抗体的所有克隆副本进行低频变异得到集合 $C(t)=\bigcup\{Ab_p^{(i)'}\}(p=1,2,\cdots,X,i=1,2,\cdots,M)$。

（7）计算 $A(t)\bigcup B(t)\bigcup C(t)$ 中每种抗体的浓度与亲和度，并对抗体进行有效性检测。

（8）对通过有效性检测的抗体按照亲和度值降序排列，选取亲和度高的一些抗体替换记忆库 Ab_Member 的部分抗体。若满足终止条件，则输出记忆库 Ab_Member 中亲和度最高的那个抗体，算法结束；否则转到第（9）步。

（9）从 $A(t)\bigcup B(t)\bigcup C(t)$ 中选取浓度较低且亲和度较高的 N 个抗体组成新一代抗体种群，令 $t=t+1$，转到第（3）步。

2.4.3　仿真实验及结果分析

为了验证本章提出的免疫算法的性能，采用文献[24]的实验数据，解决一个 3km×3km 区域、20 个基站候选站址、200 个中继站候选站址、500 个测试点的选址优化问题。

两种算法的种群规模均取 100，最大进化代数均取 1200，个体均采用二进制编码，编码长度为 220bit。文献[24]算法的变异概率取 0.1，交叉功率取 0.8；本章提出的免疫算法的抗体间距离阈值 θ 取 30，记忆库种群规模 W 取 20，克隆母体种群规模 X 取 10，克隆副本个数 M 取 5。

第 1 组实验：比较文献[24]算法与本章提出的免疫算法的性能，在 Pentium Ⅳ 2.0GHz 主频的 CPU、2GB 内存的 IBM 兼容机器上，依次对文献[24]算法和本章提出的免疫算法各运行 10 次，取平均值，本实验中本章提出的免疫算法首次运行时记忆库为空，后 9 次是在记忆库非空情况下运行的。

两个算法运行时间的比较结果如图 2.8 所示。

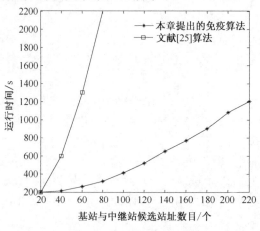

图 2.8　算法运行时间比较

从图 2.8 可以看出，文献[24]算法的运行时间与候选站数目呈指数关系，随着候选站数目的增多，运行时间呈指数级增加；而本章提出的免疫算法的运行时间与问题规模几乎呈线性关系，这说明本章提出的免疫算法收敛性能优于文献[24]算法。

无线电波沿着路径传播过程中，功率损耗折合成货币单位后，把基站与中继站优化问题的建站代价与路径损耗之和称为优化方案代价。两种算法的平均优化方案代价随进化代数的变化曲线如图 2.9 所示。

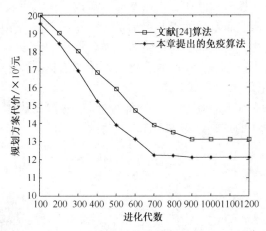

图 2.9　方案代价比较

从图 2.9 可以看出，随进化代数的增加，本章提出的免疫算法的平均优化方案代价下降速度较快，这再次说明了本章提出的免疫算法的收敛性能优于文献[24]算法。

另一个重要的度量指标是中继站带来的小区容量增益。两种算法的小区平均容量增益随进化代数的变化曲线如图 2.10 所示。

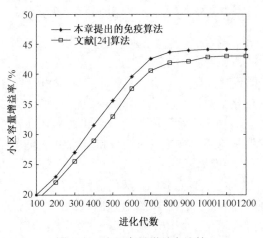

图 2.10　小区容量增益率比较

从图 2.10 可以看出，两种算法曲线差异较小，其原因是：对于两跳中继网络，由于一个基站最多只能关联一个中继站，只要能选择较合理的基站与中继站位置，小区容量增益差异很小。也就是说，两种算法在网络容量增益方面的贡献几乎相当。

第 2 组实验：验证记忆库对算法性能的影响，分别在抗体记忆库为空和非空的情况下，各运行 10 次，用来验证算法的寻优能力、收敛性能。

在抗体记忆种群为空的情况下，抗体种群随机初始化，抗体矩阵中各个基站的位置呈不规则分布（见图 2.11，阴影表示基站覆盖范围，黑点表示话务热点中心）。

从图 2.11 可以看出，随机初始化的抗体种群中的抗体，其矩阵编码中基站位置是随机产生的，没有利用已有的 2G 基站进行共站，网络的建设成本较大；基站半径相等且形状单一，基站间有重叠，有覆盖盲区、网络覆盖情况较差；没有利用话务热点分布信息，网络性能较差。

当算法终止时，从记忆种群中取一些优势抗体（问题的较优解），这些抗体矩阵中基站分布呈重叠较小的规则分布，如图 2.12 所示。

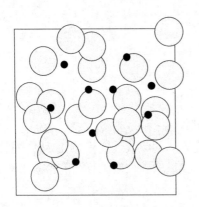 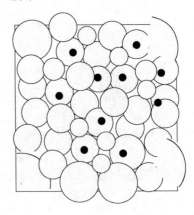

图 2.11　优化前抗体编码中基站分布情况　　　图 2.12　优化后抗体编码中基站分布情况

从图 2.12 可以看出，优化后，基站规划充分利用了已有的 2G 基站进行共站，节约了网络建设成本；利用了话务热点分布信息，基站位置与话务热点的中心基本符合；基站覆盖形状和半径的优化调整，减少了覆盖重叠区域和覆盖盲区。

在记忆种群库空与非空两种情况下，算法收敛情况如图 2.13 和图 2.14 所示。

从图 2.13 可以看出，当记忆种群库为空时，算法模拟的是病毒抗原入侵生物体后抗体初次免疫应答过程，免疫细胞的克隆增殖和清除病毒抗原需要一段时间，算法在迭代 2530 次后才找到一个较优解。

从图 2.14 可以看出，在已有先验知识（已有同类问题的解决方案）情况下，算法的收敛速度具有显著的提高，在进化 1020 代后就找到一个较优解。算法迭代过程模拟的是抗体二次免疫应答机理，生物体二次免疫应答速度远大于初次应答，所以根据免疫机理开发的免疫算法也具有这样的特点。

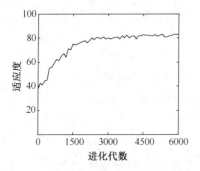

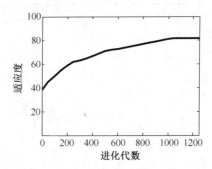

图 2.13　记忆种群为空的情形下，随机　　　　图 2.14　记忆种群非空的情形下，利用
　　初始化种群时算法的收敛情况　　　　　　　　先验知识后算法的收敛情况

表 2.2 描述了记忆库对算法收敛性的影响。

表 2.2　记忆库对算法性能的影响

记忆库状态	收敛代数	方案平均代价/×10^6 元	小区容量平均增益率/%
空	1200	12.6	42.3
非空	800	12.1	44.1

从表 2.2 可以看出，使用记忆库后，本章提出的免疫算法的收敛速度得到了明显的提高（不使用记忆库进化 1200 代才收敛，使用记忆库后缩减为 800 代），解的质量也提高了很多（优化方案代价从 12.6×10^6 元缩减为 12.1×10^6 元，小区容量增益从 42.3% 增至 44.1%）。主要原因是：当记忆库为空时，算法模拟的是抗体对抗原的初次免疫应答过程，免疫细胞的克隆增殖和对抗原进行应答过程需要一段时间，所以算法在进化较多的代数后才收敛；当记忆库非空时，算法迭代过程模拟的是抗体对抗原的二次免疫应答机理，生物体二次免疫应答速度远大于初次免疫应答速度，所以算法的收敛时间缩短了很多，即算法收敛所需的进化代数减少了很多。

2.5　本 章 小 结

为了提供高质量的无线接入服务量，必须提高无线网络的信号覆盖率。因此，各个通信网络运营商都投入了大量的资金建设网络基站。目前，同一个小区中稠密地分布着多个属于不同接入网络的大量基站，可用基站站址日趋减少；另外，人们因担心辐射，对其住所附近建设基站进行抵制，这使得基站选址非常困难。通过对已建基站的共享和对可用站址资源的优化，可以提高站址利用率，缓解基站选址问题[25-29]。

鉴于此，本章首先构建了 TD-SCDMA 网络基站选址优化的模型，设计了求解模型的免疫算法。在仿真环境下，与文献中的算法进行了对比实验，结果表明本章所设计选址优化方案优于文献方案，能够提供科学合理的基站规划方案。另外，本章所设计的选址优化方案充分利用了已有的 2G 基站进行共站设计,降低了 TD-SCDMA 网络的建设成本。

接着,研究了 WCDMA 网络基站选址优化问题。由于 WCDMA 系统存在较显著的呼吸效应,其基站规划较为困难。2.3 节讨论了给定网络链路预算和链路负载因子下的小区理论面积,给出了一种基于免疫计算的 WCDMA 网络基站选址优化方案。与文献方案对比实验表明,本章提出的优化方案优于文献方案,可以有效地解决 WCDMA 网络基站选址优化问题。

最后,对 IEEE 802.16j 网络基站和中继站选址优化问题进行了研究。802.16j 网络基站选址优化是一个 NP-hard 问题,2.4 节给出了一种基于免疫计算的 802.16j 网络基站和中继站选址优化方案,并与文献方案进行了对比实验。

但是,本章选取的是平原区域的基站选址,由于平原的地形较平坦,忽略了地形地貌对基站规划的影响。下一步要做的工作是考虑地形地貌对基站规划的影响,利用电子地图信息把地形地貌作为一个参数,对所提出的基站选址优化方案进行改进,使其适合更复杂环境下的基站选址问题。

参 考 文 献

[1] 贾东燕. TD-SCDMA 技术特点及网络建设. 现代电信科技, 2009, (2): 11-17.

[2] 彭木根, 王文博. 无线资源管理与 3G 网络规划. 北京: 人民邮电出版社, 2008: 378-380.

[3] 李绍军. 一种基于 Alopex 的进化优化算法. 模式识别与人工智能, 2009, 22(3): 452-456.

[4] Yang J, Aydin M E. UMTS base station location planning: A mathematical model and heuristic optimization algorithms . IET Communications, 2007, 21(5): 1007-1014.

[5] Munyaneza J, Kurien A. Optimization of antenna placement in 3G networks using genetic algorithms. Communications & Information Technology, 2009, (5): 70-80.

[6] Zhang Z H. Immune optimization algorithm for constrained nonlinear multi-objective optimization problems . Applied Soft Computing Journal, 2007, 7(3): 840-857.

[7] Wang J Q, Tan J, Kang L S. Immune optimization algorithm for a new multicast routing model. Journal of Harbin Engineering University, 2006, 27(2): 286-289.

[8] 行小帅, 霍冰鹏. 基于免疫的并行单亲遗传算法研究. 通信学报, 2007, 28(8): 99-104.

[9] Huang T L, Huang C C, Lien Y N. System optimal compensators placement via immune multi-objective algorithm. WSEAS Transactions on Systems, 2009, 8(5): 604-612.

[10] Zuo X Q, Mo H W, Wu J P. A robust scheduling method based on a multi-objective immune algorithm. Information Sciences, 2009, 179(19): 3359-3369.

[11] Gong M G, Jiao L C, Du H F, et al. Multi-objective immune algorithm with nondominated neighbor-based selection. Evolutionary Computation, 2008, 6(2): 225-255.

[12] 朱思峰, 刘芳, 柴争义. 免疫聚类算法在基因表达数据分析中的应用. 北京邮电大学学报, 2010, 33(2): 54-58.

[13] 杨咚咚, 焦李成, 公茂果. 求解偏好多目标优化的克隆选择算法. 软件学报, 2010, 21(1): 14-33.

[14] Wang P. Path loss modeling and comparison based on the radio propagation measurement at 3.5GHz. High Technology Letters, 2009, 23(3): 120-145.

[15] 姚立, 何晨. 一种新的用于 WCDMA 基站布局规划的移动台分配方法. 上海交通大学学报, 2007, 41(05): 25-29.

[16] Kim N, Choi Y S. The displacement of base station in mobile communication with genetic approach. Eurasia Journal on Wireless Communications and Networking, 2008, 8(4): 161-170.

[17] Zhang H Y, Xi Y G, Gu H Y. A rolling window optimization method for large-scale WCDMA base stations planning problem. European Journal of Operational Research, 2007, 183(2): 370-383.

[18] Munyaneza J, Kurien A. Optimization of antenna placement in 3G networks using genetic algorithms. Communications & Information Technology, 2009, 36(3): 70-80.

[19] 马彰超, 王文博. 中继增强型蜂窝网络接入选择策略的研究. 中国电子科学研究院学报, 2009, 4(2): 216-220.

[20] Lin B, Ho P H, Xie L L, et al. Optimal relay station placement in IEEE 802.16j networks. Proceedings of the 2007 International Conference on Wireless Communications and Mobile Computing, 2007: 25-30.

[21] Lin B, Ho P H, Xie L L, et al. Relay station placement in IEEE 802. 16j dual-relay MMR networks. Proceedings of IEEE ICC, 2008:211-215.

[22] Yu Y, Murphy S, Murphy L. Planning base station and relay station locations in IEEE 802.16j multi-hop relay networks. Proceedings of IEEE CCNC, 2008:1001-1008.

[23] Yu Y, Murphy S, Murphy L. A clustering approach to planning base station and relay station locations in IEEE 802.16j multi-hop relay networks. Proceedings of IEEE ICC, 2008:221-235.

[24] Yu Y, Murphy S, Murphy L. Planning base station and relay station locations for IEEE 802.16j network using genetic algorithm. Proceedings of IEEE CCNC, 2010:198-216.

[25] 朱思峰, 陈国强, 张新刚. 免疫记忆克隆算法求解 3G 基站选址优化问题. 华中科技大学学报: 自然科学版, 2011, 39(7): 63-66.

[26] 朱思峰, 陈国强, 张新刚. 多目标优化量子免疫算法求解基站选址问题. 华中科技大学学报:自然科学版, 2012, 40(1): 56-61.

[27] 朱思峰, 刘芳, 柴争义. 基于免疫计算的 TD-SCDMA 网络基站选址优化. 通信学报, 2011, 32(1): 106-110.

[28] 朱思峰, 刘芳, 柴争义. 基于免疫计算的 WCDMA 网络基站选址优化. 电子与信息学报, 2011, 33(6): 1492-1495.

[29] 朱思峰, 刘芳, 柴争义. 基于免疫计算 802. 16j 网络基站及中继站选址优化. 计算机研究与发展, 2012, 49(8): 1649-1654.

第 3 章　基于免疫计算的基站导频功率优化

3.1　引　　言

在移动通信网络中，基站通过公共导频信道宣布自己的存在。移动通信网络中的移动终端时刻监控着与小区关联的导频信号，从而可以选择最强的导频信号。基站导频功率在移动通信网络中扮演着重要的角色，它影响着网络覆盖。一方面，过大的导频功率会增加下行链路的总干扰、小区重叠面积（引起更高的小区负载），还会导致较大面积的导频污染；另一方面，若导频功率过小，小区主导面积的下降会导致相邻小区超载或网络的覆盖漏洞。导频功率是下行功率的一部分，与其他下行信道共同分享下行功率。由于基站发射机的总功率是额定的，导频功率占的比例大了，就会减少其他下行信道的功率，它们所支持的业务量就会受影响而减少。导频功率所占比例大一些，覆盖区域就会大一些；导频功率所占比例小一些，支持的业务能力就会大一些。鉴于此，需要根据对接入网络覆盖区域和业务支持能力的需求，对基站导频功率进行优化。

本章首先研究了 WCDMA 网络基站的导频功率优化问题，考虑到家庭基站对解决局部区域网络容量、盲区覆盖等问题的重要作用，本章还对家庭基站的导频功率优化问题进行了研究。

3.2　WCDMA 网络基站导频功率优化

3.2.1　WCDMA 网络基站导频功率优化问题的数学模型[1]

一个由 m 个基站组成的 WCDMA 网络，设基站集合为 $M = \{1, 2, \cdots, m\}$；服务区域被分割为 n 个单元，设单元集合为 $N = \{1, 2, \cdots, n\}$。假定每一个单元的信号传播条件是相同的，基站 i 的天线与单元 j 之间的功率增益为 $g_{ij}(0 < g_{ij} < 1, \forall i \in M, \forall j \in N)$。基站总发射功率被公共导频信道、其他公共信道和下行业务信道所共享。设基站 i 的总发射功率为 S_i^T，基站 i 分配给导频信号的功率为 p_i；在单元 j 中，移动终端接收到基站 i 的导频功率为 $g_{ij}p_i$。另外，在单元 j 中，接收到的信号有导频信号和一些干扰信号（包括基站 i 用户的传播信号和其他基站的传播信号）。考察一个高话务负载的网络，并假定所有的基站全功率运行（这个假定表示了最严重的干扰场景）。在这种假设下，单元 j 与基站 i 关联的总干扰为

$$I_{ij} = \alpha_j (S_i^T - p_i) g_{ij} + \sum_{k \in M \wedge k \neq i} S_k^T g_{kj} + v_j \tag{3.1}$$

式中，$\alpha_j (0 \leq \alpha_j \leq 1)$ 是单元 j 的非正交性因子；v_j 为单元 j 的热噪声功率。

导频信号的强度用载干比来度量。一个单元 j 被基站 i 覆盖，当且仅当其导频信道的载干比大于或等于阈值 γ_0，即

$$\gamma_{ij} = \frac{g_{ij} p_i}{I_{ij}} \geq \gamma_0 \tag{3.2}$$

移动终端在一个单元内必须能至少检测到一个满足载干比条件的导频信号。即在一个提供覆盖服务的单元中，必须至少有一个导频信号满足式（3.2）。从式（3.2）可容易地推导出，若基站 i 覆盖单元 j，则基站 i 的导频功率 p_i 至少为 q_{ij}，q_{ij} 定义为

$$q_{ij} = \gamma_0 \cdot \frac{\alpha_j S_i^T g_{ij} + \sum_{k \in M \wedge k \neq i} S_k^T g_{kj} + v_j}{(1 + \gamma_0 \alpha_j) \cdot g_{ij}} \tag{3.3}$$

从无线网络规划的观点看，应该最小化导频功率，以便留下更多的功率用于传播信道，从而增加小区容量。设网络系统要求至少被一个导频信号覆盖的单元数目为 $d(d \leq n)$。导频功率优化问题就是科学地为每个基站配置导频功率，在满足覆盖率的要求（覆盖率不小于 d / N）下，使总导频功率最小。

设单元 j 被基站 i 覆盖的情况为 $x_{ij} \in \{0,1\}$，即

$$x_{ij} = \begin{cases} 1, & \text{若单元 } j \text{ 被基站 } i \text{ 覆盖} \\ 0, & \text{其他} \end{cases} \tag{3.4}$$

设单元 j 被覆盖的情况为 y_j，即

$$y_j = \begin{cases} 1, & \text{若存在某个基站 } k \text{ 覆盖单元 } j \\ 0, & \text{其他} \end{cases} \tag{3.5}$$

本章建立的导频功率优化模型为

$$P = \min \sum_{i=1}^{M} p_i \tag{3.6}$$

$$\text{s.t.} \quad \sum_{i=1}^{M} x_{ij} \geq y_j, \quad \forall j \in N \tag{3.7}$$

$$q_{ij} x_{ij} \leq p_i, \quad \forall i \in M, \quad \forall j \in N \tag{3.8}$$

$$\left(\sum_{j=1}^{N} y_j \right) \bigg/ N \geq d / N \tag{3.9}$$

$$x_{ij} \in \{0,1\}, \quad \forall i \in M, \quad \forall j \in N \tag{3.10}$$

$$y_j \in \{0,1\}, \quad \forall j \in N \tag{3.11}$$

在该模型中，式（3.6）是 WCDMA 系统总导频功率目标函数；式（3.7）保证只有当单元 j 被一个或多个基站覆盖时，变量 $y_j = 1$；式（3.8）保证若基站 i 覆盖单元 j，p_i 的值至少为 q_{ij}；式（3.9）保证了覆盖需求的满足；式（3.10）对 x_{ij} 的取值范围进行了规定；式（3.11）对 y_j 的取值范围进行了规定。

3.2.2　求解 WCDMA 网络基站导频功率分配问题的免疫优化算法

优化 WCDMA 网络基站的导频功率对提高网络服务性能具有重要意义，它引起了国内外学者的广泛关注，文献[2]提出了一种基于代价最小化的导频功率优化方案，基于容量和传播带宽关联的一些目标值，该方案使用坡度下降过程来调整导频功率等级，进而使目标值的偏离最小化；文献[3]基于不完善的信道状态信息，提出了多入多出（Multiple-Input Multiple-Output，MIMO）系统环境中的导频功率优化方案；文献[4]提出了一种叠加导频优化设计方法，使 MIMO 系统具有联合最优的信道估计均方误差；文献[5]提出了一种基于列生成算法的 WCDMA 网络导频功率优化方案；文献[6]提出了一种总功率约束下的导频功率与数据传播功率比值优化方案；文献[7]基于长期系统的性能研究之间的反向训练，提出了最优功率分配培训和数据传输方案。上述文献中的方法均是统一化导频功率配置方式，即所有小区使用相同的导频功率。从功率消耗的角度看，统一化导频功率配置的系统性能很差。另外，统一化导频功率配置还会导致较大的网络总干扰、较大的超载小区面积和导频污染。在一个网络中手工地找到一个最优的导频功率配置方案是一件困难的事情，尤其是在一个大型通信网络中。手工配置导频功率的方式效率很低，且容易出错，这就需要一种可自动化实现和部署的导频功率配置方案。基于此，本章研究了 WCDMA 基站导频功率与覆盖的关系，提出了一种基于免疫克隆算法的 WCDMA 导频功率优化方案。

最优化问题是工程实践和科学研究中的主要问题之一，仅有一个目标函数的最优化问题称为单目标优化问题，目标函数超过一个并且需要同时处理的最优化问题称为多目标优化问题（Multi-objective Optimization Problems，MOP）。对于多目标优化问题，一个解可能对于某个目标是较好的，而对于其他目标则可能是较差的，因此，存在一个折中解的集合，称为 Pareto 最优解集（Pareto-optimal set）或非支配解集（nondominated set）[8]。起初，多目标优化问题往往通过加权等方式转化为单目标优化问题，由于多目标优化问题的目标函数和约束函数可能是非线性、不可微或不连续的，传统的数学规划方法往往效率较低，且它们对于权重值或目标给定的次序较敏感。另外，传统数学优化方法在求解复杂度较高或规模较大的优化问题时往往力不从心。

20 世纪 80 年代中期，多目标优化进化算法（Multi-objective Optimization Evolutionary Algorithm，MOEA）作为一类启发式搜索算法，已经成功应用于多目标优化领域，逐步发展成为一个相对较热的研究方向。20 世纪 90 年代后期，受生物免疫系统机理启发而开发的人工免疫系统算法（简称为免疫算法），在优化、调度、控制等领域得到了广泛的应用。西安电子科技大学的焦李成领导的研究团队对多目标优化免疫算法进行了深入的研究，其研究成果在国际上产生了深远的影响[9-11]。与多目标优化遗传算法相比，多目标优化免疫算法较好地保持了种群的多样性，从而能够有效地克服早熟收敛问题。

1. 约束处理技术

约束处理技术是优化问题中的一个关键部分。罚函数法是处理约束条件最常用的方法，其本质是容许种群中的个体在一定程度上违反约束条件，个体违反约束条件的程度由罚函数来确定，但必须对个体以其违反约束条件的程度进行惩罚以减少它被选择的概率。罚函数方法简单易行，但在实际工程应用中，罚因子的选择相当困难[12]。若罚因子过小，则算法找到的最优解远离真正的最优解；若罚因子过大，则会引发计算上的困难，并容易出现早熟收敛。本章将约束转化为一个优化目标来处理。

不失一般性，设约束多目标优化最小化问题为

$$\min F(\boldsymbol{x}) = (f_1(\boldsymbol{x}), f_2(\boldsymbol{x}), \cdots, f_k(\boldsymbol{x}))$$

$$\boldsymbol{x} = (x_1, x_2, \cdots, x_n) \in \mathbf{R}^n$$

$$\text{s.t.} \quad g_i(\boldsymbol{x}) \leqslant 0, \quad 1 \leqslant i \leqslant l$$

$$h_i(\boldsymbol{x}) = 0, \quad l+1 \leqslant i \leqslant m$$

本章基于常用的构造罚函数方法对约束条件进行如下处理。

令 $G_i(\boldsymbol{x}) = \begin{cases} \max(0, g_i(\boldsymbol{x})), & 1 \leqslant i \leqslant l \\ |h_i(\boldsymbol{x})|, & l+1 \leqslant i \leqslant m \end{cases}$ 和 $G(\boldsymbol{x}) = \sum_{i=1}^{m} G_i(\boldsymbol{x})$，则将约束条件转化为一个目标函数 $f_{k+1}(\boldsymbol{x})$，这样一来，带有 k 个目标函数的约束优化问题就转化为一个有 $k+1$ 个目标函数的无约束优化问题： $\min F(\boldsymbol{x}) = (f_1(\boldsymbol{x}), f_2(\boldsymbol{x}), \cdots, f_k(\boldsymbol{x}), f_{k+1}(\boldsymbol{x}))$，式中 $\boldsymbol{x} = (x_1, x_2, \cdots, x_n) \in \mathbf{R}^n$。

2. 编码方案及种群初始化

由于导频功率一般为基站总功率的 0.5%～10%[13-15]，采用实数编码是适宜的。在免疫算法中，把要解决的问题看成抗原，把问题的解看成抗体，则每个抗体对应一种导频功率分配方案。抗体可以表示为

$$\text{Ab} = (b_1, b_2, \cdots, b_m) \tag{3.12}$$

式中，$b_i(1 \leqslant i \leqslant m)$ 为第 i 个基站的导频功率。WCDMA 基站的总功率为 30W 左右，所以 b_i 的取值范围为 0.5～3W。

免疫算法必须要有一个初始种群，本章采用随机方式产生整个初始种群。由于 WCDMA 基站的导频功率为 0.5～3W，所以抗体向量的每个元素的取值范围均为 0.5～3.0。

3. 记忆克隆操作

对于约束优化问题，抗体种群在进化过程中会产生一些不可行解（抗体解码得到的方案不满足约束条件），而在这些不可行解中，存在一些接近可行解边缘的不可行解[12]。

本章把接近可行解边缘的不可行解简称为有益解。有益解对算法搜索最优解是非常有帮助的，尤其是当搜索空间（决策空间）是非凸空间时，因此，本章把有益解组成记忆种群，并参与抗体种群的克隆操作，进而提高算法的收敛性能。

设第 t 代抗体种群为 $B(t)$，抗体种群规模为 NB；记忆种群为 $M(t)$，记忆种群规模为 NM；种群 POP(t) 为抗体种群与记忆种群的并集，其规模为 NB+NM；克隆后生成的抗体种群为 $C(t)$，其规模为 n_c；免疫记忆克隆操作定义为

$$
\begin{aligned}
C(t) &= R^C(B(t)\bigcup M(t)) \\
&= R^C\{\mathrm{Ab}_1(t), \mathrm{Ab}_2(t), \cdots, \mathrm{Ab}_{\mathrm{NB}}(t), \mathrm{Ab}_{\mathrm{NB}+1}(t), \cdots, \mathrm{Ab}_{\mathrm{NB+NM}}(t)\} \\
&= \{R^C(\mathrm{Ab}_1(t)), R^C(\mathrm{Ab}_2(t)), \cdots, R^C(\mathrm{Ab}_{\mathrm{NB+NM}}(t))\} \\
&= \{\mathrm{Ab}_1^1(t), \mathrm{Ab}_1^2(t), \cdots, \mathrm{Ab}_1^{q_1}(t)\} \bigcup \{\mathrm{Ab}_2^1(t), \mathrm{Ab}_2^2(t), \cdots, \mathrm{Ab}_2^{q_2}(t)\} \\
&\quad \bigcup \cdots \bigcup \{\mathrm{Ab}_{\mathrm{NB+NM}}^1(t), \mathrm{Ab}_{\mathrm{NB+NM}}^2(t), \cdots, \mathrm{Ab}_{\mathrm{NB+NM}}^{q_{\mathrm{NB+NM}}}(t)\}
\end{aligned}
\tag{3.13}
$$

式中，q_i 为抗体 $\mathrm{Ab}_i(t)$ 克隆的份数，其值与抗体 $\mathrm{Ab}_i(t)$ 的拥挤距离有关。抗体拥挤距离的定义为

$$
\mathrm{cDis}(\mathrm{Ab}_i, \mathrm{POP}) = \sum_{j=1}^{k} \frac{\mathrm{cDis}_j(\mathrm{Ab}_i, \mathrm{POP})}{f_j^{\max} - f_j^{\min}}
\tag{3.14}
$$

式中，$f_j^{\max}$ 和 $f_j^{\min}$ 分别为当前种群 POP 中第 j 个目标的最大值和最小值。$\mathrm{cDis}_j(\mathrm{Ab}_i, \mathrm{POP})$ 为抗体 Ab_i 在第 j 个目标下的拥挤距离，定义为

$$
\mathrm{cDis}_j(\mathrm{Ab}_i, \mathrm{POP}) = \begin{cases} \infty, & f_j(\mathrm{Ab}_i) = f_j^{\max} \vee f_j(\mathrm{Ab}_i) = f_j^{\min} \\ \min\{f_j(\mathrm{Ab}_{i-1}) - f_j(\mathrm{Ab}_{i+1}) \mid f_j(\mathrm{Ab}_{i-1}) > f_j(\mathrm{Ab}_i) > f_j(\mathrm{Ab}_{i+1})\}, & \text{其他} \end{cases}
\tag{3.15}
$$

由拥挤距离的定义可以看出，种群 POP 中抗体 Ab_i 的邻居数目情况，在解空间中反映为候选解 $e^{-1}(\mathrm{Ab}_i)$ 周围存在的其他候选解的稀疏情况。

本章设计的免疫记忆克隆操作采用了比例克隆方式，即具有较大拥挤距离值的抗体具有较大的 q_i。q_i 的定义为

$$
q_i = \mathrm{fix}\left(n_c \times \frac{\mathrm{cDis}(\mathrm{Ab}_i, \mathrm{POP})}{\sum_{j=1}^{\mathrm{NB+NM}} \mathrm{cDis}(\mathrm{Ab}_j, \mathrm{POP})} \right)
\tag{3.16}
$$

式中，$\mathrm{fix}(\cdot)$ 为取整函数。

4. 免疫基因操作

免疫基因操作包括克隆重组操作和克隆变异操作。免疫学认为亲和度成熟和抗体多样性的产生主要依靠抗体的高频变异，在免疫克隆选择算法中，强调变异操作。因此，本章只采用了克隆变异操作，没有采用克隆重组。本章采用单克隆变异，对于实

数抗体编码串，其变异方式非一致性，即随机选择抗体 Ab_i 的一个基因位，按照概率 p_i 进行变异。设克隆后种群规模为 NN，对克隆后种群中的抗体重新编号，记为 $C(t) = \{Ab_1(t), Ab_2(t), \cdots, Ab_{NN}(t)\}$，免疫基因操作后种群为 $D(t)$，即

$$
\begin{aligned}
D(t) &= R^M(C(t)) \\
&= \{R^M(Ab_1(t)), R^M(Ab_2(t)), \cdots, R^M(Ab_{NN}(t))\} \\
&= \{Ab_1^{p_1}(t), Ab_2^{p2}(t), \cdots, Ab_{NN}^{p_{NN}}(t)\}
\end{aligned}
\tag{3.17}
$$

5. 种群分类操作

按照约束条件的满足情况，对种群 $D(t)$ 中的抗体进行分类，本章设计的分类操作步骤如下。

（1）计算种群 $D(t)$ 中每一个抗体在第 $k+1$ 个目标函数上的值。

（2）若抗体 $Ab_i(t) \in D(t)$ 在第 $k+1$ 个目标函数上的值为零，则把该抗体并入可行解集 $X(t)$，否则把该抗体并入非可行解集 $\widetilde{X}(t)$。

（3）根据 Pareto 占优的概念把可行解集 $X(t)$ 划分为 Pareto 占优集 $P(t)$ 和非 Pareto 占优集 $\widetilde{P}(t)$。

（4）根据不可行解违反约束的程度将非可行解集 $\widetilde{X}(t)$ 划分为有益的不可行解集 $U(t)$ 和非有益的不可行解集 $\widetilde{U}(t)$。

6. 种群更新操作

设种群 $P(t)$ 的规模为 n_P，期望保留的抗体种群规模为 n_B，目标空间维数为 k，本章设计的种群更新操作步骤如下。

（1）计算第 $i(1 \leqslant i \leqslant k)$ 个目标下第 $j(1 \leqslant j \leqslant n_P)$ 个抗体的适应度值 d_{ij}。

（2）求出 k 个目标下所有抗体的适应度值，得到适应度矩阵 $\boldsymbol{D} = (d_{ij})_{k \times n_P}$。

（3）对矩阵 $\boldsymbol{D} = (d_{ij})_{k \times n_P}$ 按照列求和，每列之和为一个抗体的总适应度值，计算每个抗体的总适应度值。

（4）按照每个抗体的总适应度值对种群 $P(t)$ 中的抗体进行降序排序。

（5）删除 $P(t)$ 中总适应度值较小的 $n_P - n_B$ 个抗体，剩下的 n_B 个抗体构成新的抗体种群 $P'(t)$。

7. 免疫记忆克隆算法流程

设抗体种群为 B，其种群规模为 n_B；记忆种群为 M，其种群规模为 n_M；克隆后生成的种群为 C，其种群规模为 n_C；可行解种群为 X，非可行解种群为 $\widetilde{X}$；Pareto 占优解种群为 P，非 Pareto 占优解种群为 $\widetilde{P}$；有益非可行解种群为 U，非有益非可行解种群为 $\widetilde{U}$；本章免疫克隆算法的框架如下。

（1）给定抗体种群规模 n_B、记忆种群规模 n_M、最大迭代次数 gmax，初始化进化代数 $t = 0$。

（2）初始化抗体种群为 $B(t)$，从 $B(t)$ 中取 n_M 个抗体构成记忆种群 $M(t)$。

（3）对种群 $B(t) \bigcup M(t)$ 执行记忆克隆操作，生成克隆后种群 $C(t)$。

（4）对克隆后种群 $C(t)$ 进行免疫基因操作，生成种群 $D(t)$。

（5）对种群 $D(t)$ 进行种群分类操作，把 $D(t)$ 划分为可行解集 $X(t)$ 和非可行解集 $\widetilde{X}(t)$；把可行解集 $X(t)$ 划分为 Pareto 占优集 $P(t)$ 和非 Pareto 占优集 $\widetilde{P}(t)$；将非可行解集 $\widetilde{X}(t)$ 划分为有益解集 $U(t)$ 和非有益解集 $\widetilde{U}(t)$。

（6）对种群 $P(t)$ 进行种群更新操作。

（7）对记忆种群 $M(t)$ 执行学习操作，若有益解集 $U(t)$ 存在一个抗体 $\mathrm{Ab}_u(t)$，其违反约束的程度小于记忆种群 $M(t)$ 中某抗体 $\mathrm{Ab}_m(t)$，则将 $\mathrm{Ab}_u(t)$ 添加到 $M(t)$ 中，同时将 $M(t)$ 中的 $\mathrm{Ab}_m(t)$ 删除。依次进行，直到 $U(t)$ 中每个抗体的违反约束的程度都大于或等于 $M(t)$ 中抗体违反约束的程度。

（8）若迭代条件满足，则输出 $P(t)$；否则令 $B(t+1) = P(t)$，$M(t+1) = M(t)$，$t = t+1$，转到第（3）步。

3.2.3　算法收敛性分析

定理 3.1　免疫记忆克隆算法的种群序列 $\{B_t, t \geqslant 0\}$ 是有限齐次马尔可夫链。

证明　对于实数编码的普通抗体，其取值是连续的，理论上种群所在的状态空间是无限的，由于受计算机硬件精度的影响，在实际运算中，运算是有限精度的，设其维数为 v，则种群所在的状态空间大小为 $N \cdot v^L$，因此种群是有限的，而算法中采用的克隆、变异、种群更新操作均与进化代数 t 无关，即 $\{B_t, t \geqslant 0\}$ 是有限齐次马尔可夫链。

定义 3.1　设种群为 B，其规模为 N，k 个目标下的综合适应度函数为 ψ，最优解的综合适应度值记为 ψ^*，称 $M^* = \{B \mid \exists b \in B \land \psi(b) = \psi^*, \forall B \in I^N\}$ 为满意种群集，则满意种群集中的任意一个种群 B 中至少包含一个最优解。

免疫记忆克隆操作记为 R^C，免疫基因操作记为 R^M，种群分类操作记为 R^D，种群更新操作记为 R^P，在抗体种群空间 S^N 上，抗体种群从状态 $B(t)$ 转化到状态 $B(t+1)$ 的过程为

$$B(t+1) = R^P \circ R^D \circ R^M \circ R^C (B(t))$$

记 $B(t)$ 为 Y，$B(t+1)$ 为 Z，则转移概率为

$$p_{YZ} = \begin{cases} 0, & Y \in M^* \land Z \notin M^* \\ \prod_{i=1}^{NL} p_m^{d(Y,Z)} \cdot (1 - p_m^{L-d(Y,Z)}), & \text{其他} \end{cases}$$

式中，$d(Y,Z)$ 为种群之间的汉明距离。

定理 3.2　免疫记忆克隆算法的种群序列 $\{B_t, t \geqslant 0\}$ 以概率 1 收敛到满意种群 M^*，即对于任意的初始状态 $B(0)$，有 $\lim\limits_{t \to \infty} P\{B(t) \in M^* \mid B(0) = B_0\} = 1$。

证明　不失一般性，假设 $\psi(Y)$ 只有唯一最小值解。记 $\vartheta(Y) = \min\{\psi(Y)\}$，称 $A(t) = (p_{YZ}; Y, Z \in I^N)$ 为状态转移矩阵。设当前种群中 Pareto 最优抗体被选择进入下一代抗体种群的概率 p_s 为

$$p_s = \begin{cases} 0, & \vartheta(Y) < \vartheta(Z) \\ 1, & \text{其他} \end{cases}$$

则有当 $\vartheta(Z) \leqslant \vartheta(Y)$ 时，$p_{YZ} > 0$；当 $\vartheta(Z) > \vartheta(Y)$ 时，$p_{YZ} = 0$。

记 $A(\infty) = (p_{YZ}^{\infty}; Y, Z \in I^N)$，则有

$$p_{YZ}^{\infty} = \begin{cases} > 0, & \vartheta(Y) \leqslant \vartheta(Z) \\ = 0, & \vartheta(Z) > \vartheta(Y) \end{cases}$$

显然，$A(\infty)$ 是随机矩阵。由于 $M*$ 是 $A(\infty)$ 的非周期正常返类，$\overline{M*} = S^N - M*$ 是非常返类，所以 $\{B_t, t \geqslant 0\}$ 是强遍历的。对于任意的初始状态 B_0，有 $\lim\limits_{t \to \infty} P\{B(t) = Z \mid B(0) = B_0\} = \pi_{\infty}(Z)$ 且 $\sum\limits_{Z \in M*} \pi_{\infty}(Z) = 1$。

于是 $\lim\limits_{t \to \infty} P\{B(t) \in M* \mid B(0) = B_0\} = \sum\limits_{Z \in MS} \pi_{\infty}(Z) = 1$，证毕。

3.2.4　仿真实验及结果分析

本节使用了 6 个规模不同的无线网络（$N_1 \sim N_6$）测试用例，其中 N_6 是由 MOMENTUM 研究所提供的现实生活中的规划例子[13]，$N_1 \sim N_5$ 是人工构造的实验网络。测试网络描述如表 3.1 所示，实验中的参数配置如表 3.2 所示。

表 3.1　无线网络测试用例

测试网络	基站数目	单元数目/个	网络面积/m²	单元面积/m²
N_1	60	1375	1280×1800	40×40
N_2	42	2708	2400×2000	40×40
N_3	70	5029	2880×2800	40×40
N_4	140	9409	4000×4000	40×40
N_5	188	15112	5200×5200	40×40
N_6	148	22500	7500×7500	50×50

表 3.2　实验中的参数配置

参　　数	$N_1 \sim N_5$	N_6
基站发射功率 S_i^T	15W	19.95W
载干比阈值 γ_0	0.015	0.01
非正交性因子 α_j	0.4	城市：0.327 乡村：0.633 城郊：0.938
热噪声功率 ν_j	1.0×10^{-13}W	1.548×10^{-14}W

分别使用文献[7]的方案和本节方案进行基站导频功率优化,其结果如表 3.3 所示。总功率消耗和每个基站的平均功率消耗的单位都是 W。

表 3.3 基站导频功率优化结果比较

测试网络	文献[7]方案		本节方案	
	所有基站的总导频功率/W	每个基站平均导频功率/W	所有基站的总导频功率/W	每个基站平均导频功率/W
N_1	65.2384	1.0873	31.6053	0.5268
N_2	50.5748	1.2042	30.9283	0.7364
N_3	82.2443	1.1892	52.8006	0.7543
N_4	175.908	1.2565	106.070	0.7576
N_5	270.235	1.4374	150.176	0.7988
N_6	345.096	2.3317	147.014	0.9933

从表 3.3 可看出,本节基于增益的功率分配方案显著地优于文献[7]的统一功率分配方案。本节的基于增益的功率分配方案下,对于所有的测试网络,每个基站的平均功率消耗小于 1W;而文献[7]的统一功率分配方案下则是 1.0～2.3W。

下面对测试网络 N_6(柏林市无线网络)的实验结果进一步说明。

首先考察每个单元收到的满足载干比要求的基站导频信号数目,两种方案结果如表 3.4 所示。

表 3.4 测试网络 N_6 覆盖情况比较

覆盖情况	文献[7]方案	本节方案
至少被 1 个基站导频信号覆盖的单元数目	$0.95n$	$0.98n$
被 1～2 个基站导频信号覆盖的单元数目	$0.85n$	$0.95n$
被 3～4 个基站导频信号覆盖的单元数目	$0.10n$	$0.03n$

注:n 为规划区域的总单元数目

从表 3.4 可看出,本节方案得到的最大覆盖率为 98%,大于文献[7]方案的 95%;本节方案被 3～4 个基站导频信号覆盖的单元数目为 $0.03n$,而文献[7]方案为 $0.10n$。这说明本节方案的覆盖盲区和重叠覆盖区域均较小,优化结果较好。

接着,本节对总导频功率消耗与覆盖率之间的关系进行了实验。对测试网络 N_6,在覆盖率 80%～100%均匀地取 20 个不同的值,文献[7]方案和本节方案的结果曲线如图 3.1 所示。

从图 3.1 可看出,文献[7]方案的导频功率随着覆盖率的增大而迅速增长;而本节方案的导频功率在覆盖率大于 90%后才随着覆盖率的增大而迅速增长。文献[7]方案覆盖 90%区域所需要的总导频功率是全覆盖的 60%;而本节方案覆盖 90%区域所需要的总导频功率是全覆盖的 55%。由此可见,稍微降低一些覆盖率(如从 100%降为 95%),可以节约许多导频功率,如果把节省的导频功率用于数据传播功率,可以增加网络容量。而在现实生活的网络规划中，无论从经济的角度看，还是从资源管理的角度看，全覆盖代价都是非常昂贵的。因此，通常的覆盖需求都小于 100%，尤其是在乡村。另外，在系统仿真模型中，导频功率是按照最大干扰场景规划的，而实际网络场景的干扰要小一些，因此，实际上获得的覆盖率会比理论分析的大一些。

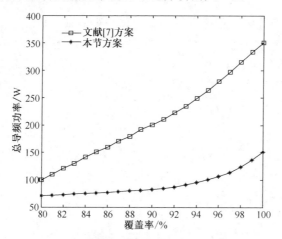

图 3.1　总导频功率消耗与覆盖率之间的关系

3.3　家庭基站导频功率优化

3.3.1　家庭基站导频功率优化问题的数学模型

下一代蜂窝网络（Next Generation Cellular Networks，NGCN）将采用自治网络机构，作为自治蜂窝网络的一项具体应用，Femtocell（毫微微基站、家庭基站）的部署引起了广泛关注。家庭基站是一种超小型手机基站设备，主要用来解决室内覆盖问题。宏基站是由网络运营商部署的，而家庭基站是由用户部署的。当在一个宏小区中部署大量家庭基站后，宏基站和家庭基站之间、不同家庭基站之间都存在同频干扰。

假设某宏小区内存在 N 个家庭基站，家庭基站能够定期感知邻居家庭基站的导频并识别出邻居家庭基站的干扰。本章的目标是为这些家庭基站寻找一个合理的导频功率配置方案，从而使家庭基站之间的干扰最小。

设家庭基站的导频功率向量为 $P = (p_1, p_2, \cdots, p_N)$、家庭基站的半径向量为 $R = (r_1, r_2, \cdots, r_N)$。家庭基站 i 的半径 $r_i (i = 1, 2, \cdots, N)$ 是家庭基站 i 到其毫微微小区边界的距离。由于随机信道衰落和干扰的影响，在某些情况下，毫微微小区半径不能定义为常量。本章把基站位置到用户终端移动切换位置之间的距离定义为毫微微小区的半径。

本章的目标是寻找一个合适的导频功率向量 $\boldsymbol{P}^*$，从而使每个家庭基站的半径满足

$$\max t$$
$$\text{s.t.}\quad r_i \geq t, \quad i = 1, 2, \cdots, N \tag{3.18}$$

式中，t 是一个新引入的标量。式（3.18）相当于一个最大最小化问题：$\max \min r_i$，$i = 1, 2, \cdots, N$，即在自治蜂窝网络区域内最大化最小的家庭基站半径。这也相当于在最严重的网络干扰环境下，通过最小化家庭基站半径来获得毫微微小区全覆盖。

由于一个导频功率向量 $\boldsymbol{P}$ 唯一地确定了一个家庭基站半径向量 $\boldsymbol{R}$，本章用函数 $f_i(\boldsymbol{P})$ 代替家庭基站 i 的半径 r_i，则式（3.18）转化为

$$\max t$$
$$\text{s.t.}\quad f_i(\boldsymbol{P}) \geq t, \quad i = 1, 2, \cdots, N \tag{3.19}$$

式中，函数 $f_i(\boldsymbol{P})$ 的功能是负责从导频功率向量 $\boldsymbol{P}$ 到家庭基站 i 的半径 r_i 的映射。

设家庭基站 i 的位置为 $l(x_i, y_i)$，毫微微小区 i 内移动测试终端的物理位置为 $l(x^i, y^i)$，此时移动测试终端接收到的信干噪比为

$$c_i = \frac{p_i \cdot g_i(r_i)}{\sum\limits_{i \neq j} p_j \cdot g_j(d_j) + n_i}, \quad i, j = 1, 2, \cdots, N \tag{3.20}$$

式中，p_i 表示第 i 个家庭基站的导频功率；$g_i(r_i)$ 表示从家庭基站 i 到移动测试终端之间的信道增益，它是二者之间距离 r_i 的函数，$g_i(r_i)$ 的值可从信号传播损耗模型获得；p_j 表示第 $j(j = 1, 2, \cdots, N \wedge j \neq i)$ 个家庭基站的导频功率；d_j 表示毫微微小区 i 内的移动测试终端到家庭基站 j 的欧氏距离；$g_j(d_j)$ 表示从家庭基站 $j(j = 1, 2, \cdots, N \wedge j \neq i)$ 到毫微微小区 i 内的移动测试终端之间的下行链路干扰增益；n_i 表示毫微微小区 i 中的移动测试终端接收到的噪声功率。本章把 c_i 看成毫微微小区 i 的半径权重，即家庭基站 i 的导频功率的权重，c_i 的值越大，家庭基站 i 分配的导频功率越大。本章把向量 $\{c_i \mid i = 1, 2, \cdots, N\}$ 看成各个毫微微小区资源平衡的需求。

本章使用了一个二级分段路径损耗模型[14, 15]来计算信号从室内环境到室外环境的传播损耗，即

$$g(d) = \begin{cases} \phi_1 + \gamma_1 \lg d, & d \leq d_0 \\ \phi_1 + \gamma_1 \lg d_0 + \phi_2 + \gamma_2 \lg(d - d_0), & \text{其他} \end{cases} \tag{3.21}$$

式中，$d_0 = 15\text{m}$，作为在 ϕ_1 取 40dB 情况下的平均室内信号传播距离，相应的室内传播损耗指数 γ_1 的值取 2.5。当距离大于 15m 时，本章用 $\phi_2 = 20\text{dB}$ 来表示由于穿过墙体导致的信号损失部分，用 $\gamma_2 = 4$ 表示室外传播损耗指数。

从式（3.20）可以推导出 $f_i(\boldsymbol{P})$ 的表达式，即

$$f_i(\boldsymbol{P}) = r_i = g_i^{-1}\left\{\frac{1}{p_i} \cdot c_i \cdot \left[\sum_{i \neq j} p_j \cdot g_j(d_j) + n_i\right]\right\}, \quad i, j = 1, 2, \cdots, N \qquad (3.22)$$

式中，函数 $g_i^{-1}(\cdot)$ 表示传播损耗函数 $g_i(\cdot)$ 的反函数，通过该函数可以从导频功率向量推导出每个家庭基站的半径。

通过式（3.22），式（3.19）所描述的问题模型可改写为

$$\max t$$

$$\text{s.t.} \quad g_i^{-1}\left\{\frac{1}{p_i} \cdot c_i \cdot \left[\sum_{i \neq j} p_j \cdot g_j(d_j) + n_i\right]\right\} \geq t \qquad (3.23)$$

$$0 \leq p_i \leq p_{\max}^i, \quad i, j = 1, 2, \cdots, N$$

式中，$p_{\max}^i$ 为家庭基站 i 的最大导频功率。

3.3.2　基于免疫计算的家庭基站导频功率优化

干扰控制是实施家庭基站与宏基站同频组网时要解决的关键问题之一，已经成为国内外学者的研究热点。文献[16]讨论了在给定毫微微小区用户信干噪比（Signal to Interference plus Noise Ratio，SINR）的情况下，宏小区用户最大可获得的信干噪比，同时给出了在满足宏小区用户信干噪比的前提下，毫微微小区用户的分布式功率控制策略。文献[17]给出了一种所有家庭基站半径统一配置为 10m 场景下的功率控制模式，该研究没考虑家庭基站之间的干扰，主要研究家庭基站对宏小区用户的干扰；文献[18]研究了在家庭基站与宏基站同频组网环境中，当家庭基站采用相同的导频控制时，移动切换所引起的用户呼叫丢失率。文献[19]研究了在满足宏小区用户传输性能不受影响的前提下，对毫微微小区用户的子信道、速率和功率进行联合优化分配的方法，以使其加权速率和最大。文献[20]针对家庭基站和现有宏蜂窝基站组成的异构网络的几种典型干扰场景，从上、下行功率控制和无线资源干扰协调三方面，对家庭基站干扰管理的基本原理进行了探讨。

上述文献都是研究家庭基站与宏基站间的干扰控制的，关于家庭基站与家庭基站之间干扰控制方面的研究文献很少。不同于上述文献的工作，本节主要研究家庭基站与家庭基站之间的干扰控制技术，其研究思路是通过优化家庭基站的导频功率和半径长度来实施家庭基站之间的干扰控制。

1. 抗体编码和种群初始化

在运用免疫算法求解问题时，把问题抽象为抗原，把问题的可能候选解抽象为抗体。家庭基站具有较小的电磁辐射，它的总发射功率为 10～100mW，覆盖半径为 50～200m。在 CDMA 蜂窝系统中，最大导频功率一般为基站总发射功率的 10%[13]，因此，对于家庭基站导频功率优化问题，采用实数编码是适宜的。

在本节中，每个抗体对应一种导频功率分配方案，抗体可以表示为

$$\text{Ab} = (b_1, b_2, \cdots, b_N) \tag{3.24}$$

式中，$b_i (1 \leq i \leq N)$ 为第 i 个家庭基站的导频功率。

2. 记忆克隆操作

对于约束优化问题，抗体种群在进化过程中会产生一些不可行解（抗体解码得到的方案不满足约束条件），而在这些不可行解中存在一些接近可行解边缘的不可行解。本章把接近可行解边缘的不可行解简称为有益解。有益解对算法搜索最优解是非常有帮助的，尤其是当搜索空间（决策空间）是非凸空间时，因此，本节把有益解组成记忆种群，并参与抗体种群的克隆操作，进而提高算法的收敛性能。

设第 t 代抗体种群为 $B(t)$，抗体种群规模为 NB；记忆种群为 $M(t)$，记忆种群规模为 NM；种群 POP(t) 为抗体种群与记忆种群的并集，其规模为 NB+NM；克隆后生成的抗体种群为 $C(t)$，其规模为 n_c；免疫记忆克隆操作定义为

$$
\begin{aligned}
C(t) &= R^C (B(t) \bigcup M(t)) \\
&= R^C \{ \text{Ab}_1(t), \text{Ab}_2(t), \cdots, \text{Ab}_{NB}(t), \text{Ab}_{NB+1}(t), \cdots, \text{Ab}_{NB+NM}(t) \} \\
&= \{ R^C (\text{Ab}_1(t)), R^C (\text{Ab}_2(t)), \cdots, R^C (\text{Ab}_{NB+NM}(t)) \} \\
&= \{ \text{Ab}_1^1(t), \text{Ab}_1^2(t), \cdots, \text{Ab}_1^{q_1}(t) \} \bigcup \{ \text{Ab}_2^1(t), \text{Ab}_2^2(t), \cdots, \text{Ab}_2^{q_2}(t) \} \\
&\quad \bigcup \cdots \bigcup \{ \text{Ab}_{NB+NM}^1(t), \text{Ab}_{NB+NM}^2(t), \cdots, \text{Ab}_{NB+NM}^{q_{NB+NM}}(t) \}
\end{aligned}
\tag{3.25}
$$

式中，q_i 为抗体 $\text{Ab}_i(t)$ 克隆的份数，其值与抗体 $\text{Ab}_i(t)$ 的拥挤距离有关。抗体拥挤距离的定义为

$$\text{cDis}(\text{Ab}_i, \text{POP}) = \sum_{j=1}^{k} \frac{\text{cDis}_j(\text{Ab}_i, \text{POP})}{f_j^{\max} - f_j^{\min}} \tag{3.26}$$

式中，$f_j^{\max}$ 和 $f_j^{\min}$ 分别为当前种群 POP 中第 j 个目标的最大值和最小值。$\text{cDis}_j(\text{Ab}_i, \text{POP})$ 为抗体 Ab_i 在第 j 个目标下的拥挤距离，即

$$\text{cDis}_j(\text{Ab}_i, \text{POP}) = \begin{cases} \infty, & f_j(\text{Ab}_i) = f_j^{\max} \vee f_j(\text{Ab}_i) = f_j^{\min} \\ \min\{ f_j(\text{Ab}_{i-1}) - f_j(\text{Ab}_{i+1}), 0 \}, & \text{其他} \end{cases} \tag{3.27}$$

由拥挤距离的定义可以看出，种群 POP 中抗体 Ab_i 的邻居数目情况在解空间中反映为候选解 $e^{-1}(\text{Ab}_i)$ 周围存在的其他候选解的稀疏情况。

本节设计的免疫记忆克隆操作采用了比例克隆方式，即具有较大拥挤距离值的抗体具有较大的 q_i。q_i 的定义为

$$q_i = \text{fix}\left(n_c \times \frac{\text{cDis}(\text{Ab}_i, \text{POP})}{\sum\limits_{j=1}^{NB+NM} \text{cDis}(\text{Ab}_j, \text{POP})} \right) \tag{3.28}$$

式中，$\text{fix}(\cdot)$ 为取整函数。

3. 免疫基因操作

免疫基因操作包括克隆重组操作和克隆变异操作。免疫学认为，亲和度成熟和抗体多样性的产生主要依靠抗体的高频变异，在免疫克隆选择算法中，强调变异操作。因此，本节只采用了克隆变异操作，没有采用克隆重组。本节采用单克隆变异，对于实数抗体编码串，其变异方式非一致性，即随机选择抗体 Ab_i 的一个基因位，按照概率 p_i 进行变异。设克隆后种群规模为 NN，对克隆后种群中的抗体重新编号，记为 $C(t) = \{Ab_1(t), Ab_2(t), \cdots, Ab_{NN}(t)\}$，免疫基因操作后种群为 $D(t)$，即

$$D(t) = R^M(C(t)) = \{R^M(Ab_1(t)), R^M(Ab_2(t)), \cdots, R^M(Ab_{NN}(t))\}$$
$$= \{Ab_1^{p_1}(t), Ab_2^{p_2}(t), \cdots, Ab_{NN}^{p_{NN}}(t)\} \tag{3.29}$$

4. 种群分类操作

按照约束条件的满足情况，对种群 $D(t)$ 中的抗体进行分类，本节设计的分类操作步骤如下。

（1）计算种群 $D(t)$ 中每一个抗体在第 $k+1$ 个目标函数上的值。

（2）若抗体 $Ab_i(t) \in D(t)$ 在第 $k+1$ 个目标函数上的值为零，则把该抗体并入可行解集 $X(t)$；否则把该抗体并入非可行解集 $\widetilde{X}(t)$。

（3）根据 Pareto 占优的概念把可行解集 $X(t)$ 划分为 Pareto 占优集 $P(t)$ 和非 Pareto 占优集 $\widetilde{P}(t)$。

（4）根据不可行解违反约束的程度将非可行解集 $\widetilde{X}(t)$ 划分为有益的不可行解集 $U(t)$ 和非有益的不可行解集 $\widetilde{U}(t)$。

5. 种群更新操作

设种群 $P(t)$ 的规模为 n_P，期望保留的抗体种群规模为 n_B，目标空间维数为 k，本章设计的种群更新操作步骤如下。

（1）计算第 $i(1 \leq i \leq k)$ 个目标下第 $j(1 \leq j \leq n_P)$ 个抗体的适应度值 d_{ij}。

（2）求出 k 个目标下所有抗体的适应度值，得到适应度矩阵 $\boldsymbol{D} = (d_{ij})_{k \times n_P}$。

（3）对矩阵 $\boldsymbol{D} = (d_{ij})_{k \times n_P}$ 按照列求和，每列之和为一个抗体的总适应度值，计算每个抗体的总适应度值。

（4）按照每个抗体的总适应度值对种群 $P(t)$ 中的抗体进行降序排序。

（5）删除 $P(t)$ 中总适应度值较小的 $n_P - n_B$ 个抗体，剩下的 n_B 个抗体构成新的抗体种群 $P'(t)$。

6. 免疫记忆克隆算法描述

设抗体种群为 B，其种群规模为 n_B；记忆种群为 M，其种群规模为 n_M；克隆后

生成的种群为 C，其种群规模为 n_C；可行解种群为 X，非可行解种群为 $\widetilde{X}$；Pareto 占优解种群为 P，非 Pareto 占优解种群为 $\widetilde{P}$；有益非可行解种群为 U，非有益非可行解种群为 $\widetilde{U}$；本节免疫克隆算法的框架如下。

（1）给定抗体种群规模 n_B、记忆种群规模 n_M、最大迭代次数 gmax，初始化进化代数 $t = 0$。

（2）初始化抗体种群为 $B(t)$，从 $B(t)$ 中取 n_M 个抗体构成记忆种群 $M(t)$。

（3）对种群 $B(t) \bigcup M(t)$ 执行记忆克隆操作，生成克隆后种群 $C(t)$。

（4）对克隆后的种群 $C(t)$ 进行免疫基因操作，生成种群 $D(t)$。

（5）对种群 $D(t)$ 进行种群分类操作，把 $D(t)$ 划分为可行解集 $X(t)$ 和非可行解集 $\widetilde{X}(t)$；把可行解集 $X(t)$ 划分为 Pareto 占优集 $P(t)$ 和非 Pareto 占优集 $\widetilde{P}(t)$；将非可行解集 $\widetilde{X}(t)$ 划分为有益解集 $U(t)$ 和非有益解集 $\widetilde{U}(t)$。

（6）对种群 $P(t)$ 进行种群更新操作。

（7）对记忆种群 $M(t)$ 执行学习操作，若有益解集 $U(t)$ 存在一个抗体 $\mathrm{Ab}_u(t)$，其违反约束的程度小于记忆种群 $M(t)$ 中某抗体 $\mathrm{Ab}_m(t)$，则将 $\mathrm{Ab}_u(t)$ 添加到 $M(t)$ 中，同时将 $M(t)$ 中的 $\mathrm{Ab}_m(t)$ 删除。依次进行，直到 $U(t)$ 中每个抗体的违反约束的程度都大于或等于 $M(t)$ 中的抗体违反约束的程度。

（8）若迭代条件满足，则输出 $P(t)$；否则令 $B(t+1) = P(t)$，$M(t+1) = M(t)$，$t = t+1$，转到第（3）步。

3.3.3 仿真实验及结果分析

在本节的仿真过程中，假定家庭基站的最大功率为 150mW，则最大导频功率为 15mW。为简单起见，本节把每个毫微微小区的 c_i 均取 1，即毫微微小区传播需求是相同的。利用 MATLAB 编程实现了优化算法，为了验证本节算法的性能，在 Pentium Ⅳ 2.0GHz 主频 CPU、2GB 内存的 IBM 兼容机器上，进行了两组实验。

第 1 组实验，在一块 $100\mathrm{m} \times 100\mathrm{m}$ 的地理区域内配置 5 个家庭基站，其坐标分别为（20,37）、（20,70）、（58,85）、（72,20）、（83,55）；128 个移动终端。考虑到中国市民居住房屋的实际情形（三室一厅房屋，长约 15m、宽约 8m，面积约 $120\mathrm{m}^2$），家庭基站之间至少相隔 15m，该场景描述了一个具有相对稀疏的结构部署的热点地区。基于仿真数据，应用本节算法进行家庭基站导频功率优化，得到的优化结果是：每个家庭基站的导频功率值均为 15mW；所有的毫微微小区半径长度近似相同，均为 15m 左右，如图 3.2 所示。其原因是：由于家庭基站数目较小，家庭基站之间的干扰较小，每个家庭基站都会使用最大导频功率和较大的毫微微小区半径以尽可能多地容纳附近的移动终端。那些没被任一家庭基站覆盖的移动终端作为室外用户一直使用宏基站提供的覆盖服务。

第 2 组实验，把这个 $100\mathrm{m} \times 100\mathrm{m}$ 地理区域中家庭基站的数目增加到 10 个，其坐标分别为（20,15）、（20,40）、（20,55）、（20,85）、（35,35）、（42,88）、（65,15）、（66,88）、（85,51）、（89,88）；移动终端数目仍为 128 个。再次运行本节算法，得到的结果是：家庭基站分布密集区域内的各家庭基站的导频功率和毫微微小区半径长度较小，而稀疏区域内的家庭的导频功率和毫微微小区半径长度较大，如图 3.3 所示。这是因为稀疏区域内的家庭基站受到邻居家庭基站的干扰较少，所以其导频功率和毫微微小区半径长度均较大。

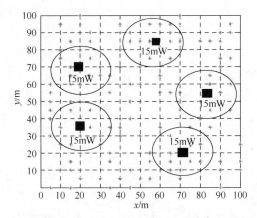

图 3.2　配置 5 个家庭基站情形下的优化结果

＊表示移动测试终端；■表示家庭基站；○表示家庭基站的覆盖范围

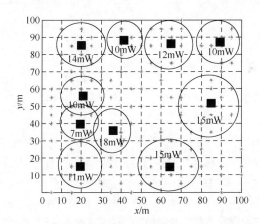

图 3.3　配置 10 个家庭基站情形下的优化结果

　　这两组实验的结果说明本节方案能够按照家庭基站间的结构拓扑自适应地进行导频功率分配，从而有效地降低了家庭基站间的干扰。

　　值得说明的是，上述实验没有考虑毫微微小区的传播需求差异，下一步工作将按照整个区域中实时传播流量的分布情况，为毫微微小区分配相应的权重值 c_i，并对此问题给出更完整的仿真结果。

3.4　本　章　小　结

本章研究了满足覆盖服务要求的基站导频功率配置优化问题。3.2 节给出了 WCDMA 网络基站导频功率优化问题模型和基于免疫计算的解决方案。通过仿真实验得到了以下结论：在一个网络中，即使在最大干扰的情况下，全覆盖需要的导频功率也小于总下行链路功率的5%；与统一功率配置方案相比，基于增益的功率配置方案能节约很多总导频功率；覆盖率的略微下降会导致所需总导频功率的显著下降，因此，在 WCDMA 网络设计时，需要在覆盖率和导频功率之间折中。

部署家庭基站能有效地分流宏基站负载的业务量，缓解宏基站蜂窝网络的压力，可以大大节省移动通信网络的运营成本。由于 CDMA 蜂窝系统的自干扰特点，干扰增加意味着覆盖面积或者系统容量的下降，所以要避免家庭基站对室外宏蜂窝系统产生的强干扰和家庭基站之间的干扰。3.2 节给出了一种自治蜂窝拓扑环境下的家庭基站导频功率优化方案，仿真实验表明所给出的方案可基于网络拓扑结构和传播流量分布对家庭基站的导频功率和毫微微小区半径进行优化配置，从而有效地降低家庭基站之间的干扰。

导频功率影响基站的覆盖面积，从而影响基站的负载。考虑到覆盖区域内传播强度的变化，导频功率等级可调整以适应基站负载。下一步将研究负载平衡下的导频功率优化问题。另一个要研究的方向是把导频功率和无线基站天线配置（如天线方位角、天线倾斜）联合优化。

参 考 文 献

[1] 朱思峰, 张西广, 沈连丰, 等. WCDMA 系统基站导频功率的联合优化. 信号处理, 2013, 29(8): 990-995.

[2] Valkealahti K, Pakkinen J, Flanagan A. WCDMA common pilot power control with cost function minimization. Proceeding of the 56th IEEE Vehicular Technology Conference, 2002: 2244-2247.

[3] Duong D V, Qien G E. Optimal pilot spacing and power in rate-adaptive MIMO diversity systems with imperfect CSI. IEEE Transactions on Wireless Communications, 2007, 6(3): 845-851.

[4] 韩湘, 魏急波. 一种 MIMO 系统中叠加导频的最优设计方法. 电子学报, 2007, 35(4): 732-735.

[5] Siomina I, Yuan D. Minimum pilot power for service coverage in WCDMA networks. Wireless Networks, 2008, 14(3): 393-402.

[6] Golovins E, Ventura N. Optimization of the pilot-to-data power ratio in the wireless MIMO-OFDM system with low-complexity MMSE channel estimation. Computer Communications, 2009, 32(3): 465-476.

[7] Zhou X G, Lamahewa T A, Sadeghi P. Two-way training: Optimal power allocation for pilot and

data transmission. IEEE Transactions on Wireless Communications, 2010, 9(2): 564-569.

[8] Zitzler E, Thiele L. Multi-Objective evolutionary algorithms: A comparative case study and the strength Pareto approach. IEEE Transactions. on Evolutionary Computation, 1999, 3(4): 257-271.

[9] Gong M G, Jiao L C, Du H F, et al. Multi-objective immune algorithm with nondominated neighbor-based selection. Evolutionary Computation, 2008, 16(2): 225-255.

[10] 杨咚咚, 焦李成, 公茂果. 求解偏好多目标优化的克隆选择算法. 软件学报, 2010, 21(1): 14-33.

[11] 尚荣华, 焦李成, 公茂果. 免疫克隆算法求解动态多目标优化问题. 软件学报, 2007, 18(11): 2700-2711.

[12] 尚荣华, 焦李成, 马文萍, 等. 用于约束多目标优化的免疫记忆克隆算法. 电子学报, 2009, 37(6): 1289-1294.

[13] 林黄娜, 蒋铃鸽, 何晨. 一种基于导频功率控制的 WCDMA 移动台分配策略. 上海交通大学学报, 2007, 41(6): 135-142.

[14] Nowicki A, Trots I, Lewin P A, et al. Influence of the ultrasound transducer bandwidth on selection of the complementary Golly bit code length. Ultrasonics, 2007, 47(1): 64-73.

[15] 张贻华, 陈志强, 叶家骏. 40GHz 毫米波室内传播损耗分析. 电子测量技术, 2010, 33(6): 44-47.

[16] Chandrasekhar V, Andrews J G, Muharemovic T, et al. Power control in two-tier femtocell networks. IEEE 18th International Symposium on Personal, Indoor and Mobile Radio Communications, 2007: 236-241.

[17] Claussen H. Performance of macro-and co-channel femtocells in a hierarchical cell structure. IEEE 18th International Symposium on Personal, Indoor and Mobile Radio Communications, 2007: 246-255.

[18] Who L T, Claussen H. Effects of user-deployed co-channel femtocells on the call drop probability in a residential scenario. IEEE 18th International Symposium on Personal, Indoor and Mobile Radio Communications, 2007:281-292.

[19] 张建敏, 张朝阳, 黄爱苹. 基于 OFDM 的双层 Femtocell 网络中子信道、速率和功率的最优分配. 中国科学技术大学学报, 2009, 39(10): 1034-1038.

[20] 叶璇, 张欣, 曹亘, 等. 干扰控制技术在 LTE 家庭基站中的应用. 电信科学, 2010, (5): 11-15.

第 4 章　异构无线网络中基于免疫计算的
联合会话接纳控制

4.1　引　　言

异构无线网络（Heterogeneous Wireless Network，HWN）中的会话接纳控制是针对异构无线通信系统的一种宏观资源管理，其目的是使用户业务在各个无线接入网络中达到合理分布[1]。从单运营商网络管理的角度看，集中式控制是合理和可行的，而且由于获取信息的完备性，能够获得较高的资源优化性能。近年来，单运营商场景下的集中式联合会话接纳控制引起了国内外学者的广泛关注。文献[2]提出了一种高带宽优先选择的接纳控制算法，为多模终端尽可能地分配高业务带宽的接入网络，但没有考虑到终端的信号强度，可能会造成资源浪费。文献[3]提出了基于层次分析法（Analytic Hierarchy Process，AHP）的会话接纳控制算法，引入模糊数学来处理信号强度、覆盖范围、网络负载、业务带宽等因素的综合影响，从而为多模终端分配不同的接入网络，以使整个异构网络中无线资源的利用率最大。该方案的缺点是，各因素权重的确定、模糊推理规则的定义等在很大程度上依赖于专家，其主观性过大。文献[4]提出了一种在终端侧建立优先级列表的无线资源管理算法，其缺点是由于终端计算能力很弱，难以实现较复杂的接纳优化运算。文献[5]和文献[6]提出了基于博弈论的接入控制算法。该算法的不足之处是，非合作无线资源分配博弈中的纳什均衡点的存在性和唯一性难以得到保证，难以获得最优的接纳控制性能。

多种无线接入网络（Radio Access Network，RAN）组成的异构网络环境中，各RAN 的覆盖范围不同且相互重叠。在重叠覆盖的区域内，多模终端可以灵活地接入任一个 RAN 并获取服务。不同于上述思路，本章利用免疫多目标优化算法对会话接入控制进行优化，从而降低会话需要的总带宽和会话请求阻塞率。

4.2　集中式联合会话接纳控制问题的数学模型

4.2.1　问题描述

在有多个可用 RAN 的情况下，网络控制模块允许或拒绝会话接入某个 RAN 中以达到资源优化配置的过程，称为联合呼叫接纳控制（Joint Call Admission Control，

JCAC）。JCAC 是实现联合无线资源管理的一类重要方法[7]。接纳控制算法集中管理接入网络的状态、终端状态、业务需求和用户的需求等信息，通过计算需求信息与异构网络系统状态信息之间的最佳匹配，完成网络选择过程，并给出选择结果。

假设在某个异构网络系统中，区域 Ω 内存在 M 个覆盖范围完全重叠的无线接入网络，并且各个接入网络采用的无线接入技术均不相同。假设在区域 Ω 中共部署了 M 个基站，基站 $i(1 \leqslant i \leqslant M)$ 属于无线接入网络 $i(1 \leqslant i \leqslant M)$，可以用基站 i 来代表该区域中的接入网络 i。

假设在区域 Ω 中均匀分布着 N 个多模终端，在单位时间内多模终端至多只有一个活跃的无线应用，而且该应用在同一时刻只能连接在一个 RAN 中。另外，假设所有的多模终端移动范围始终在区域 Ω 内。

假设阴影衰落和多径衰落可以忽略不计，只考虑大尺度的路径损耗（path loss）。设多模终端 j 与接入网络 i 的基站之间的距离为 d_{ij}，则多模终端 j 在接入网络 i 中的路径损耗为

$$L(d_{ij}) = 20 \lg\left(\frac{4\pi d_0}{\lambda_i}\right) + 10\alpha \lg\left(\frac{d_{ij}}{d_0}\right) \tag{4.1}$$

式中，d_0 为参考距离；α 为路径损耗系数；λ_i 为接入网络 i 中的信号波长。根据式（4.1）可以得到多模终端在接入网络 i 中的信道增益为

$$\theta_{ij} = 10^{-0.1L(d_{ij})} \tag{4.2}$$

考虑到下行接入选择问题与上行接入选择问题的解决方法非常相似，本章仅以下行情况为例进行问题建模，在此基础上稍作修改就可以得到相应的上行模型。假设在异构网络环境下，每个接入网络的基站的下行总功率都是恒定的，而且均匀地分布在整个可用频带上。用 B_i 和 P_i 分别表示接入网络 i 在区域 Ω 内的可用带宽和下行总功率，则基站 i 在单位带宽上的发射功率为

$$p_0^i = \frac{P_i}{B_i} \tag{4.3}$$

设多模终端 j 的接收机的白噪声功率谱密度为 N_0^j，则多模终端 j 在接入网络 i 中的传输效能可以表示为

$$s_{ij} = \frac{1}{2} \lg 2\left(1 + \frac{\theta_{ij} p_0^i}{\gamma N_0^j}\right) \tag{4.4}$$

式中，参数 γ 与误比特率需求有关，当误比特率需求一定时，参数 γ 是一个常数。

设多模终端 j 的速率需求为 r_j，则终端 j 在接入网络 i 中的带宽需求可表示为

$$t_{ij} = \frac{r_j}{s_{ij}} \tag{4.5}$$

由式（4.4）和式（4.5）可知，多模终端 j 在接入网络 i 中的带宽需求是由信道增益 θ_{ij} 决定的。由于同一个多模终端在不同接入网络中的信道增益通常是不同的，所以同一个多模终端在不同接入网络中的带宽需求也是不同的。在进行集中式接入选择的过程中，如果能够在各个接入网络的总带宽约束下，尽可能地把多模终端分配到信道增益较大的接入网络中，就能够充分利用异构无线网络中的多接入分集增益，减小各接入网络中的带宽占用，从而降低整个异构网络的带宽消耗。

设接入网络 i 对多模终端 j 的分配情况为 $a_{ij}\in\{0,1\}(1\leqslant i\leqslant M,1\leqslant j\leqslant N)$，在集中式接入选择算法的作用下，如果无线资源协同管理模块选择将多模终端 j 接入网络 i 中，即从接入网络 i 中分配 t_{ij} 个带宽给多模终端 j，则 a_{ij} 取值为 1，否则 a_{ij} 取值为 0。由于每个多模终端在同一时刻最多只能连接到一个接入网络中，所以有

$$\sum_{i=1}^{M}a_{ij}\leqslant 1,\quad \forall j(1\leqslant j\leqslant N) \tag{4.6}$$

设多模终端接入阻塞率为 Z，则其计算方法为

$$Z=1-\left(\sum_{j=1}^{N}\sum_{i=1}^{M}a_{ij}\right)\Big/N \tag{4.7}$$

4.2.2　数学优化模型

在区域 Ω 中，多模终端对无线接入网络总带宽占用越小，说明对异构网络无线资源的利用效能越高，整个异构无线网络的网络容量也就越大，这也正是无线运营商进行集中式接入控制的目的所在。另外，多模终端的接入阻塞率越低，用户体验越好。在这种思路的指导下，本章把异构网络中的集中式接入控制问题建模成为以下的优化问题：

$$\min\sum_{i=1}^{M}\sum_{j=1}^{N}a_{ij}t_{ij}$$

$$\min Z$$

$$\text{s.t.}\quad a_{ij}\in\{0,1\},\quad \forall i\,\forall j$$

$$\sum_{i=1}^{M}a_{ij}\leqslant 1,\quad \forall j$$

$$\sum_{j=1}^{N}a_{ij}t_{ij}\leqslant B_i,\quad \forall i$$

式中，第一个目标函数是多模终端消耗的总带宽；第二个目标函数是多模终端的接入阻塞率；第一个约束是接入选择结果的取值范围；第二个约束是一个多模终端在一个时刻最多只能连接到一个接入网络中；第三个约束是各接入网络的总带宽约束。

值得说明的是，本章的模型既考虑了网络运营商的利益（最大化网络容量），又考虑了用户的利益（最小化多模终端的会话接入阻塞率）。本章提出的方案是一个网络运营商和用户都能接受的折中方案。

4.3　求解联合会话接纳控制问题的免疫算法

免疫多目标优化算法作为一类新兴的随机搜索算法，在工程优化领域得到了广泛的应用[8-12]。本章根据异构网络环境下联合会话接纳控制问题的特点，设计了一种基于免疫计算的联合会话接纳控制算法。

4.3.1　编码方案

在免疫算法中，把问题抽象为抗原，把问题的可能候选解抽象为抗体。按照本章前面的叙述，每个多模终端只能接入一个网络中，也就是说，把终端接入哪个网络是组合优化问题，所以采用二进制编码是适宜的。

每个抗体对应一种接入控制方案，在本章中对抗体采用矩阵编码，即

$$R = [\alpha_1 \alpha_2 \cdots \alpha_n]^{\mathrm{T}} \tag{4.8}$$

式中，行向量 $\alpha_j (1 \leqslant j \leqslant M)$ 为第 j 个多模终端接入 M 个接入网络的情况。由于每个终端在某时刻最多只能接入一个网络中，所以在抗体矩阵中，每列元素的值之和最多为 1。为了使会话负载在各个接入网络之间平衡，每个网络接入终端的数目不宜过多，即抗体矩阵中每行中值为 1 的元素不能过多。因此，在对免疫算法种群进行初始化时，要在随机产生抗体的基础上，按照上述思路进行修正。

4.3.2　抗体克隆算子

对于约束优化问题，抗体种群在进化过程中会产生一些不可行解（抗体解码得到的方案不满足约束条件），而在这些不可行解中存在一些接近可行解边缘的不可行解。本章把接近可行解边缘的不可行解称为有益解。有益解对算法搜索最优解是非常有帮助的，尤其是当搜索空间（决策空间）是非凸空间时，因此，本章把有益解组成记忆种群，并参与抗体种群的克隆操作，进而提高算法的收敛性能。

设第 t 代抗体种群为 $B(t)$，抗体种群规模为 N_B；记忆种群为 $G(t)$，记忆种群规模为 N_G；克隆后生成的抗体种群为 $C(t)$，其规模为 N_C；设记忆克隆操作为 O^C，则对种群 $B(t) \bigcup G(t)$ 施加 O^C 后生成新种群 $C(t)$ 的过程为

$$C(t) = O^C (B(t) \bigcup G(t)) \tag{4.9}$$

本章设计的免疫记忆克隆操作采用了比例克隆方式，即具有较大拥挤距离值的抗体具有较大的克隆份数。

4.3.3　基因变异算子

本章采用单克隆变异，对于矩阵编码的抗体 $\boldsymbol{R}_i$，随机选择 $\boldsymbol{R}_i$ 中的两列进行对换形成新的抗体 $\boldsymbol{R}_i'$。设克隆后种群规模为 N_D，对克隆后种群中的抗体重新编号，记为 $C(t) = \{\boldsymbol{R}_1(t), \boldsymbol{R}_2(t), \cdots, \boldsymbol{R}_{N_D}(t)\}$。基因变异操作记为 O^M，则对种群 $C(t)$ 施加 O^M 后生成新种群 $D(t)$ 的过程为

$$
\begin{aligned}
D(t) = O^M(C(t)) &= \{O^M(\boldsymbol{R}_1(t)), O^M(\boldsymbol{R}_2(t)), \cdots, O^M(\boldsymbol{R}_{N_D}(t))\} \\
&= \{\boldsymbol{R}_1'(t), \boldsymbol{R}_2'(t), \cdots, \boldsymbol{R}_{N_D}'(t)\}
\end{aligned} \tag{4.10}
$$

4.3.4　种群分类操作

按照约束条件的满足情况，对种群 $D(t)$ 中的抗体进行分类，本章设计的分类操作步骤如下。

（1）计算种群 $D(t)$ 中每一个抗体在第 $k+1$ 个目标函数上的值。

（2）若抗体 $\boldsymbol{R}_i(t) \in D(t)$ 在第 $k+1$ 个目标函数上的值为零，则把该抗体并入可行解集 $X(t)$，否则并入非可行解集 $\overline{X}(t)$。

（3）根据 Pareto 占优的概念把可行解集 $X(t)$ 划分为 Pareto 占优集 $P(t)$ 和非 Pareto 占优集 $\overline{P}(t)$。

（4）根据不可行解违反约束的程度将非可行解集 $X(t)$ 划分为有益的非可行解集 $U(t)$ 和非有益的非可行解集 $\overline{U}(t)$。

4.3.5　种群更新操作

设种群 $P(t)$ 的规模为 n_P，期望保留的抗体种群规模为 n_B，目标空间维数为 k，本章设计的种群更新操作步骤如下。

（1）计算第 $i(1 \leqslant i \leqslant k)$ 个目标下第 $j(1 \leqslant j \leqslant n_P)$ 个抗体的适应度值 d_{ij}。

（2）求出 k 个目标下所有抗体的适应度值，得到适应度矩阵 $\boldsymbol{W} = (w_{ij})_{k \times n_P}$。

（3）对矩阵 $\boldsymbol{W} = (w_{ij})_{k \times n_P}$ 按照列求和，每一列之和为一个抗体的总适应度值，计算每个抗体的总适应度值。

（4）按照每个抗体的总适应度值对种群 $P(t)$ 中的抗体进行降序排序。

（5）删除 $P(t)$ 中总适应度值较小的 $n_P - n_B$ 个抗体，剩下的 n_B 个抗体构成新的抗体种群 $P'(t)$。

4.3.6　算法描述

（1）对异构网络环境中的相关数据进行认知、采集并进行预处理。

（2）对联合会话接纳控制问题进行抗体编码。

（3）对抗体种群进行初始化。设抗体种群为 $B(t)$，其规模为 n_B；记忆种群为 $G(t)$，

其种群规模为 n_G；克隆后生成的种群为 $C(t)$，其种群规模为 n_C；可行解种群为 $X(t)$，非可行解种群为 $\overline{X}(t)$；Pareto 占优解种群为 $P(t)$，非 Pareto 占优解种群为 $\overline{P}(t)$；有益非可行解种群为 $U(t)$，非有益非可行解种群为 $\overline{U}(t)$；最大迭代次数为 T，初始化进化代数 $t = 0$。初始化抗体种群为 $B(t)$，从 $B(t)$ 中取 n_G 个抗体构成记忆种群 $G(t)$。

（4）对种群 $B(t) \bigcup G(t)$ 执行抗体克隆操作，生成种群 $C(t)$。

（5）对种群 $C(t)$ 执行基因变异操作，生成种群 $D(t)$。

（6）对种群 $D(t)$ 执行种群分类操作，把 $D(t)$ 划分为 $X(t)$ 和 $\overline{X}(t)$；把可行解集 $X(t)$ 划分为 $P(t)$ 和 $\overline{P}(t)$；把非可行解集 $\overline{X}(t)$ 划分为 $U(t)$ 和 $\overline{U}(t)$。

（7）对种群 $P(t)$ 执行种群更新操作。

（8）若 $U(t)$ 存在一个抗体 $\boldsymbol{R}_u(t)$，其违反约束的程度小于记忆种群 $G(t)$ 中某抗体 $\boldsymbol{R}_m(t)$，则将抗体 $\boldsymbol{R}_u(t)$ 添加到 $G(t)$ 中，同时将 $G(t)$ 中的抗体 $\boldsymbol{R}_m(t)$ 删除。依次进行，直到 $U(t)$ 中每个抗体的违反约束的程度都大于或等于 $G(t)$ 中的抗体违反约束的程度。

（9）若终止条件满足，则转到第（10）步；否则令 $B(t+1) = P(t)$，$G(t+1) = G(t)$，$t = t+1$，转到第（4）步。

（10）对种群 $P(t)$ 中的抗体进行解码操作，生成会话接纳方案。对于多目标优化算法，最后输出的 Pareto 占优解可能有多个，即生成的候选方案可能有多个。

（11）按照网络运营商预置规则（例如，低阻塞率优先或高带宽利用率优先），对候选方案进行排序输出。

4.3.7　算法复杂度分析

设抗体种群规模为 n_B，目标函数个数为 k，则初始化抗体种群时，计算各抗体的目标函数值的时间复杂度为 $O(n_B \cdot k)$；每一代最后保留的 Pareto 占优解的个数为 n_P，构造 Pareto 占优解集的时间复杂度最差为 $O(n_P^2 \cdot k)$；每一代最后保留的有益非可行解的个数为 n_U，构造有益非可行解集的时间复杂度最差为 $O(n_U^2 \cdot k)$；用于克隆的种群规模为 n_C，克隆比例为 r，则每一代用于克隆操作的时间复杂度为 $O(r \cdot n_C)$；克隆产生的种群进行变异的时间复杂度为 $O(n_C)$；可行解种群规模为 $X(t)$，非可行解种群规模为 $\overline{X}(t)$，种群分类操作的时间复杂度为 $O(n_X + n_{\overline{X}})$；利用抗体更新算子，从 n_P 个 Pareto 占优解集中选取 n_B 个抗体的时间复杂度为 $O(k \cdot n_B \cdot n_P \cdot \log_2 n_P)$；更新记忆种群操作的时间复杂度为 $O(k \cdot n_U \cdot n_G \cdot \log_2 n_U)$。因此，每一代进化所有操作的时间复杂度为

$$O(k \cdot n_B) + O(k \cdot n_P^2) + O(k \cdot n_U^2) + O(r \cdot n_C) + O(n_C) + O(n_X + n_{\overline{X}}) + O(k \cdot n_B \cdot n_P \cdot \log_2 n_P)$$
$$= O((r+1) \cdot n_C) + O(k \cdot n_B \cdot (1 + n_P \cdot \log_2 n_P)) + O(k \cdot n_P^2) + O(k \cdot n_U \cdot (n_U + n_G \cdot \log_2 n_U))$$

设最大进化代数为 T，则该算法的时间复杂度为

$$O(T \cdot (r+1) \cdot n_C) + O(T \cdot k \cdot n_B \cdot (1 + n_P \cdot \log_2 n_P)) + O(T \cdot k \cdot n_P^2) + O(T \cdot k \cdot n_U \cdot (n_U + n_G \cdot \log_2 n_U))$$

4.4 仿真实验及结果分析

4.4.1 实验环境

假定某运营商的异构网络系统中存在 GPRS 手机专用无线访问网络（GSM EDGE Radio Access Network，GERAN）、陆地无线接入网（UMTS Terrestrial Radio Access Network，UTRAN）和无线局域网（Wireless Local Area Network，WLAN）三种无线接入网络；所有终端均为多模终端，且具备上述三种 RAT 协议栈组件，可以直接配置到任意 RAT 下工作而不需要软件下载过程；每个多模终端在某时刻只有一种业务。仿真基于 MATLAB 和 NS2 环境，利用 NS2 中的 MIH 模块来获取网络性能参数并根据业务类型对接入方案的效用进行评估。在 NS2 仿真环境下，随机产生三种 RAT 基站的位置、三种 RAT 接入网络可用带宽、多模终端的位置、多模终端的需求带宽。假定该服务区有语音和数据两种业务，它们具有相同的最小带宽需求（16Kbit/s）。GERAN 和 WLAN 分别适合语音和数据业务，而 UTRAN 对两种业务都适合。下面对高带宽优先选择算法、基于 AHP 的接纳控制算法和本章算法进行对比实验。

4.4.2 实验结果及分析

设三个无线接入网络重叠覆盖的区域内有 65 个多模终端，每单位时间会话接入请求数目逐步增加，在同样的仿真环境下，三种控制算法的系统吞吐量如图 4.1 所示。

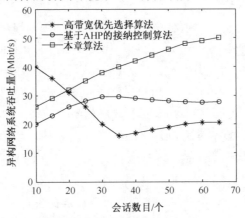

图 4.1 系统吞吐量随会话数增长的变化情况

图 4.1 可以分为三个阶段。在第一阶段（刚开始时），高带宽优先选择算法的系统吞吐量最好，本章算法次之，基于 AHP 的接纳控制算法最差。在用户会话数目增加阶段，随着用户会话数目的增加（从 10 个增加至 35 个），网络负载成为影响系统吞吐量的主要因素，此时在高带宽优先选择算法中出现负载不平衡现象，发生拥塞，系统吞

吐量迅速下降，在用户会话数目为 35 时，系统吞吐量下降到最低点；基于 AHP 的接纳控制算法由于部分地考虑了阻塞率因素，其系统吞吐量逐步增加，在用户会话数目为 35 时系统吞吐量到达最高点；而本章算法充分考虑了系统带宽消耗和会话阻塞率两个优化目标，使得系统吞吐量能一直随着会话数目的增长而增长。在用户会话数目进一步增加阶段，高带宽优先选择算法通过丢弃一些会话，使得系统吞吐量缓慢回升；基于 AHP 的接纳控制算法，其负载饱和后，系统吞吐量出现缓慢下降现象；而本章算法的系统吞吐量一直处于增长状态，但增长幅度略有下降。总体看来，本章算法要优于高带宽优先选择算法和基于 AHP 的接纳控制算法。

接下来比较在同样的会话数目下，会话阻塞率随网络流量的变化情况，如图 4.2 所示。

从图 4.2 可以看出，本章算法的会话阻塞率最低，显著地优于基于 AHP 的接纳控制算法和高带宽优先选择算法。其原因是本章算法采用了多目标优化，阻塞率是其中的一个优化目标，因此在编码空间内搜索时，已经充分考虑了会话阻塞率目标，获得的 Pareto 占优解是兼顾阻塞率和系统带宽的接入控制方案。尽管基于 AHP 的接纳控制算法也考虑了业务带宽和用户会话数目等因素，但是由于其权重的确定、模糊推理规则的定义等在很大程度上依赖于专家，其主观性过大，难以获得理想的方案。

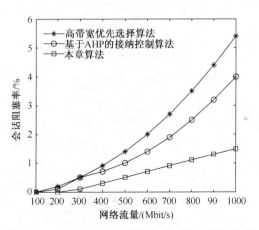

图 4.2 三种算法的会话阻塞率随网络流量的变化

在相同的实验数据下（系统接入 30 个会话，其中 15 个话音业务类型的会话，15 个数据业务类型的会话），不同接入网络中的会话带宽分配情况如表 4.1 所示。

表 4.1 不同接入网络中的会话带宽分配情况

控制算法	GERAN/MHz	UTRAN/MHz	WLAN/MHz
高带宽优先选择算法	2107	950	2853
基于 AHP 的接纳控制算法	1856	1345	2312
本章算法	2102	1998	2017

从表 4.1 可以看出，本章算法的会话分配最为合理，把 10 个数据类型的会话分配到 WLAN，把 5 个数据类型的会话分配到 UTRAN 的高带宽，把 5 个语音类型的会话分配到 UTRAN 的低带宽，把 10 个语音类型的会话分配到 GERAN 的低带宽，使得三个接入网络的负载均衡，并且为 GERAN 和 UTRAN 节省了大量高带宽频带。各个接入网络中的频谱效用分布情况如表 4.2 所示。

表 4.2　各个接入网络中的频谱效用分布情况

控制算法	GERAN		UTRAN		WLAN≥64Kbit/s
	32Kbit/s	64Kbit/s	32Kbit/s	64Kbit/s	
高带宽优先选择算法	5	7	0	8	15
基于 AHP 的接纳控制算法	5	5	5	7	8
本章算法	10	0	5	5	10

从表 4.2 可以看出，基于高带宽优先选择的控制算法，不能保证频谱效用的均衡；基于 AHP 的接纳控制算法在一定程度上考虑到了负载均衡，使得三种接入网络的频谱效用较为均衡。表现最好的是本章算法，本章算法下的三种接入网络均获得了较高的频谱效用，并且保证了三种接入网络的频谱效用均衡，这反映了本章算法在安排会话接入时充分考虑了负载均衡，具有较好的系统资源效用。

4.5　本 章 小 结

本章在单运营商异构网络环境下联合无线资源管理的特点，利用免疫优化算法的全局寻优能力，为包含多种无线接入网络的异构网络系统设计了集中式联合会话接入控制算法。仿真实验结果表明，与文献中的算法相比，本章设计的接入控制算法在阻塞率和频谱效用之间获得了更好的性能折中，同时也更好地兼顾了同一运营商内各个接入网络之间的均衡，具有较好的应用参考价值。

参 考 文 献

[1]　Coutinho T R, Rodolfo W L. Optimal policy for joint call admission control in next generation wireless networks. Proceedings of the 2010 International Conference on Network and Service Management, 2010:214-217.

[2]　Guo C, Guo Z, Zhang Q, et al. A seamless and proactive end-end mobility solution for roaming across heterogeneous wireless networks. IEEE Journal on Selected Areas in Communications, 2008, 22(2): 834-848.

[3]　Song Q Y, Jamalipour A. Quality of service provisioning in wireless LAN/UMTS integrated systems using analytic hierarchy process and gray relational analysis. Global Telecommunications

Conference Workshops, 2008:220-224.

[4]　Modeas I, Kaloxylos A, Passas N, et al. An algorithm for radio resources management in integrated cellular networks. Proceedings of the 18th Annual IEEE International Symp on Personal, Indoor and Mobile Radio Communications, 2009:261-275.

[5]　李明欣, 陈山枝, 谢东亮, 等. 异构无线网络中基于非合作博弈论的资源分配和接入控制. 软件学报, 2010, 21(8): 2037-2049.

[6]　陈前斌, 周伟光, 柴蓉, 等.基于博弈论的异构融合网络接入选择方法研究. 计算机学报, 2010, 33(9): 1633-1642.

[7]　Yu F, Krishnamurthy V. Optimal joint session admission control in integrated WLAN and CDMA cellular networks with vertical handoff. IEEE Transactions on Mobile Computing, 2007, 6(1): 126-139.

[8]　张向荣, 骞晓雪, 焦李成. 基于免疫谱聚类的图像分割. 软件学报, 2010, 21(9): 2196-2205.

[9]　朱思峰, 刘芳, 柴争义. 免疫聚类算法在基因表达数据分析中的应用. 北京邮电大学学报, 2010, 33(2): 54-57.

[10]　朱思峰, 刘芳, 柴争义. 基于免疫计算的 TD-SCDMA 网络基站选址优化. 通信学报, 2011, 32(1): 106-110.

[11]　尚荣华, 焦李成, 马文萍, 等. 用于约束多目标优化的免疫记忆克隆算法. 电子学报, 2009, 37(6): 1289-1294.

[12]　孟宪福, 解文利. 基于免疫算法多目标约束 P2P 任务调度策略研究. 电子学报, 2011, 39(1): 101-107.

第 5 章 简谐振子免疫算法求解异构网络垂直切换判决问题

5.1 引　言

多种无线接入网络构成了异构无线网络环境，发生在不同无线接入网络之间的会话切换称为垂直切换[1]。垂直切换是保证无线业务在异构网络环境下连续性的有效手段，同时也是调整各个无线接入网络负载分布的有效方法。垂直切换分为 3 个阶段，即网络发现、切换判决和切换执行。在切换判决阶段，需要切换判决算法从多种候选接入网络中选出最合适的目标网络。和蜂窝网络相比，WLAN 具有低成本、高速率的优点。蜂窝网络具有提供广阔覆盖的能力，而 WLAN 的覆盖仅局限于大楼和特定的热点区域中。由于 WLAN 和蜂窝网络是互补的技术，WLAN 与各种蜂窝网络（3G、B3G、4G）的集成是异构无线网络的重要特征之一。

近年来，异构无线网络垂直切换判决引起了国内外学者的广泛关注。文献[2]提出了一种基于信干噪比和 AHP 的垂直切换判决算法。该方案的缺点是，各因素权重的确定、模糊推理规则的定义等在很大程度上依赖于专家，其主观性过大。文献[3]提出了一种移动感知的异构网络架构，并对接入网络之间的垂直会话切换性能进行了评估。文献[4]研究了车载通信网络环境中的垂直切换判决问题。文献[5]把手机用户与接入网络之间的关系建模成竞标模型，并给出了一种基于协同博弈的垂直切换判决方案。文献[6]把垂直切换问题建模为约束马尔可夫决策问题，用收益函数评估连接质量，用惩罚函数表示切换代价和会话掉话损失，并给出了一种基于迭代和学习策略的垂直切换判决方案。

上述方案都是把垂直切换判决问题作为一个单目标优化问题来解决的，都把负载均衡为优化目标，这样就忽略了某些要素，所获得的方案偏离实际需求较大。另外，为了负载均衡，可能将会话切换到离终端较远的接入点或基站，从而使终端电池消耗过快，降低了用户体验性能。不同于上述思路，本章把负载平衡和多模终端的电池生存时间作为两个相互关联的优化目标，把垂直切换判决问题建模为两目标优化问题，给出了基于简谐振子免疫优化算法的垂直切换判决方案。

5.2　垂直切换判决问题的数学模型

5.2.1　垂直切换判决问题描述

假定在由 WLAN 和蜂窝通信网络构成的异构网络环境中，WLAN 和蜂窝通信网络是紧耦合关系，WLAN 与蜂窝通信系统的核心网部分直接相连；用户移动终端有多个空中接口，可以根据需要方便地接入 WLAN 和不同的蜂窝网络中。

设 WLAN 的接入点（Access Point，AP）集合为 $APs = \{a_1, a_2, \cdots, a_N\}$ 和蜂窝网络的基站集合为 $BSs = \{b_1, b_2, \cdots, b_M\}$。接入点 $a_i (1 \leqslant i \leqslant N)$ 的最大带宽为 B_i^a，预先定义的单位带宽代价为 $w_i (1 \leqslant i \leqslant N)$；基站 $b_j (1 \leqslant j \leqslant M)$ 的最大带宽为 B_j^b，预先定义的单位带宽代价为 $w_j (1 \leqslant j \leqslant M)$。通常情况下 $w_i = w^a$，$w_j = w^b$，式中 w^a、w^b 为常数。

设在某个重叠覆盖区域 Ω 内，有 K 个多模终端 $MTs = \{c_1, c_2, \cdots, c_K\}$，每个多模终端的初始电量为 $q_k (1 \leqslant k \leqslant K)$。$U(t) = \{c_1, c_2, \cdots, c_U\}$ 表示每个时间周期内需要垂直切换的会话终端；$V(t) = \{c_1, c_2, \cdots, c_V\}$ 表示每个时间周期内不需要切换的会话终端。$V_{(t)}^a$、$V_{(t)}^b$ 分别表示已经连接到 WLAN 和蜂窝网络的会话集合。$e_{i,k}^a$、$e_{j,k}^b$ 分别表示会话 $c_k \in V(t)$ 切换到 WLAN 和蜂窝网络后需要的有效比特速率。为了便于书写，下面的符号中省略了时间。$U(t)$、$V(t)$、$V_{(t)}^a$ 和 $V_{(t)}^b$ 简写为 U、V、V^a 和 V^b。

接入点 $a_i \in APs$ 的负载为

$$\rho_i = \sum_{k=1}^{|V^a|} e_{i,k}^a, \quad 1 \leqslant i \leqslant N \tag{5.1}$$

基站 $b_j \in BSs$ 的负载为

$$\rho_j = \sum_{k=1}^{|V^b|} e_{j,k}^b, \quad 1 \leqslant j \leqslant M \tag{5.2}$$

$q_{i,k}^a$ 和 $q_{j,k}^b$ 分别表示多模终端 $c_k (1 \leqslant k \leqslant K)$ 切换到接入点 a_i 和基站 b_j 后的单位时间内消耗的电量。$q_{i,k}^a (q_{j,k}^b)$ 的值取决于多模终端 $c_k (1 \leqslant k \leqslant K)$ 切换到 $a_i(b_j)$ 后的速率需求。

设多模终端在接入网络中的电池最大生存时间矩阵为 $L = (l_{s,k})_{(N+M) \times K}$。若 $1 \leqslant s \leqslant N$，$l_{s,k}$ 表示终端 $c_k (1 \leqslant k \leqslant K)$ 通过接入点 $a_i(i = s)$ 接入 WLAN 后的电池最大生存时间；若 $N+1 \leqslant s \leqslant N+M$ 表示终端 $c_k (1 \leqslant k \leqslant K)$ 通过接入点 $b_j(j = s-N)$ 接入蜂窝网络后的电池最大生存时间。电池最大生存时间与终端的最大电量和接入网络后的单位时间能耗有关，即

$$l_{s,k} = \frac{q_k}{q_{i,k}^a}, \quad i = s, \quad 1 \leq s \leq N \tag{5.3}$$

$$l_{s,k} = \frac{q_k}{q_{j,k}^b}, \quad j = s - N, \quad N+1 \leq s \leq N+M \tag{5.4}$$

式中，$l_{s,k} > 0$，即 $\boldsymbol{L}$ 为非负矩阵。

设多模终端接收到的信号长度为 $\text{RSS}_{s,k}$，θ^a 和 θ^b 分别为多模终端在 WLAN 接入点和蜂窝网络基站的信号长度阈值。多模终端切换到不同接入点和基站的情况可表示为分配矩阵 $\boldsymbol{X} = (x_{s,k})_{(N+M) \times K}$，元素 $x_{s,k}$ 的值由信号长度决定，即

$$x_{s,k} = \begin{cases} 1, & \text{RSS}_{s,k} \geq \theta^a (1 \leq s \leq N) \text{或} \text{RSS}_{s,k} \geq \theta^b (N+1 \leq s \leq N+M) \\ 0, & \text{其他} \end{cases} \tag{5.5}$$

由于每个终端的会话只能切换一个接入点或基站，所以有

$$\sum_{s=1}^{N+M} x_{s,k} = 1, \quad 1 \leq k \leq K \tag{5.6}$$

设 $\text{lt}_k(\boldsymbol{X})$ 为终端 $c_k (1 \leq k \leq K)$ 在分配矩阵下的电池生存时间，即

$$\text{lt}_k(\boldsymbol{X}) = \sum_{s=1}^{N+M} l_{s,k} \cdot x_{s,k} \tag{5.7}$$

设终端 $c_k \in U$ 需要的带宽为 $\eta_k (1 \leq k \leq |U|)$，则基站（WLAN 的接入点和蜂窝网络的基站）关于分配矩阵下需要的带宽 $\psi_s(\boldsymbol{X})$ 为

$$\psi_s(\boldsymbol{X}) = \sum_{k=1}^{|U|} \eta_k \cdot x_{s,k} \tag{5.8}$$

多模终端可通过物理测量评估在不同接入环境下的可用比特速率。设多模终端在 WLAN 接入点环境下的可用比特速率 $e_{i,k}^a (1 \leq s \leq N, i = s)$ 和在蜂窝网络基站环境下的可用比特速率 $e_{j,k}^b (N+1 \leq s \leq N+M, j = s-N)$，则式（5.8）可转化为

$$\psi_s(\boldsymbol{X}) = \sum_{i=1}^{N} \sum_{k=1}^{|U|} e_{i,k}^a \cdot x_{i,k} + \sum_{j=1}^{M} \sum_{k=1}^{|U|} e_{j,k}^b \cdot x_{j,k} \tag{5.9}$$

第一优化目标为最小化垂直切换的总代价，即

$$\min g(\boldsymbol{X}) = \sum_{i=1}^{N} w_i^a \left(\frac{\rho_i + \psi_i(\boldsymbol{X})}{B_i^a} \right)^2 + \sum_{j=1}^{M} w_j^b \left(\frac{\rho_j + \psi_j(\boldsymbol{X})}{B_j^b} \right)^2 \tag{5.10}$$

第二个优化目标为最大化整个系统所有多模终端电池的总生存时间，即

$$\max f(\boldsymbol{X}) = \sum_{k=1}^{K} \text{lt}_k(\boldsymbol{X}) \tag{5.11}$$

由式（5.7）知，电池生存时间为正值，所以式（5.11）为正值。为了便于模型求解，可把式（5.11）改为

$$\min \frac{1}{f(X)} = \frac{1}{\sum\limits_{k=1}^{K} \mathrm{lt}_k(X)} \tag{5.12}$$

5.2.2　问题建模

垂直切换执行后，整个系统内所有多模终端电池的总生存时间越大，说明垂直切换判决越有效；垂直切换的总代价越小，则运营商的收益和用户体验越好。因此，本章把最大化终端电池生存时间和最小化切换代价作为两个目标。在这种思路的指导下，本章把异构网络中的垂直切换判决问题建模成为优化问题，即

$$\min y(X) = c_1 g(X) + c_2 f(X) \tag{5.13}$$

$$\text{s.t.} \quad \rho_i + \psi_i(X) \leqslant B_i^a, \quad 1 \leqslant i \leqslant N \tag{5.14}$$

$$\rho_j + \psi_j(X) \leqslant B_j^b, \quad 1 \leqslant j \leqslant M \tag{5.15}$$

式中，c_1、c_2 分别为系统代价目标和电池生存时间目标的权重因子；式（5.13）是 WLAN 接入点容量约束；式（5.14）是蜂窝网络基站容量约束。

值得说明的是，本章模型既考虑了网络负载平衡（运营商的利益），又考虑了用户终端电池的生存时间（用户的利益）。本章提出的方案是一种网络运营商和用户都能接受的折中方案。

5.3　简谐振子免疫优化算法

5.3.1　物理学中的简谐振子

在物理学中，物体在与偏离平衡位置的位移大小成正比、方向总是指向平衡位置的回复力作用下的振动称为简谐振子。用 F 表示物体受到的回复力，用 x 表示谐振子对于平衡位置的位移，根据胡克定律，F 和 x 成正比，它们之间的关系可表示为 $F = -kx$，式中，k 为振动系统的回复力系数（也称为倔强系数）。

根据牛顿第二定律的经典计算，可以得到振动频率 $f = w/2\pi$，动能 $\mathrm{Ke} = \dfrac{1}{2} m \left(\dfrac{\mathrm{d}x}{\mathrm{d}t}\right)^2$ $= \dfrac{1}{2} kA^2 \sin^2(wt + \phi)$；势能 $\mathrm{Pe} = \dfrac{1}{2} kx^2 = \dfrac{1}{2} kA^2 \cos^2(wt + \phi)$；系统的总能量为定值 $E = \mathrm{Ke}$ $+\mathrm{Pe} = \dfrac{1}{2} kA^2$。

振动系统中，做简谐振子的物体的振幅不变，而且物体的位移、加速度最大时，速度为零；位移、加速度为零时，速度最大。这些事实说明了振动系统的势能和动能之间在不断地相互转换，但总能量保持一定。

单独考虑弹簧系统的弹性势能，弹簧系统在任一时刻的弹性势能为 $Pe = kx^2 / 2$ $(0 \leq Pe \leq kA^2 / 2)$。当弹簧质点在平衡点时，弹性势能最小为 0；当弹簧质点在端点时，弹性势能最大为 $kA^2 / 2$。由于弹簧系统的弹性势能的大小与弹簧质点偏离平衡点的相对距离成正比，所以，可以根据弹簧质点到平衡点的距离把弹簧系统的弹性势能分为多个能量等级（为了便于分析，这里仅研究弹簧向右拉伸的情况）。

假设弹簧系统的振幅为 A，其势能被划分为 A 个等级，每个能级间距为一个单位长度，某个位置状态的势能能级用 U_x 表示，下标 x 表示某个能级处质点距平衡点的相对位移。

从平衡点到右端点的势能能级大小依次为 $U_0 = 0$，$U_1 = \frac{1}{2} k \cdot 1^2$，$U_2 = \frac{1}{2} k \cdot 2^2$，…，$U_x = \frac{1}{2} k \cdot x^2$，…，$U_A = \frac{1}{2} k \cdot A^2$。将势能等级按照 $U'_x = \frac{U_x}{U_A} = \left(\frac{x}{A} \right)^2$ 进行归一化处理，则从平衡点到右端点的单位势能能级大小依次为 $U'_0 = 0$，$U'_1 = \left(\frac{1}{A} \right)^2$，$U'_2 = \left(\frac{2}{A} \right)^2$，…，$U'_x = \left(\frac{x}{A} \right)^2$，…，$U'_A = 1$。

从平衡点到右端点，两个单位势能能级之间的差值称为能级差 D_x，依次为 $D_1 = \left(\frac{1}{A} \right)^2$，$D_2 = \frac{2^2 - 1^2}{A^2}$，…，$D_x = \frac{x^2 - (x+1)^2}{A^2}$，…，$D_A = \frac{A^2 - (A-1)^2}{A^2}$。从能级差值可以看出，从右端点到平衡点，相邻两能级的能级差是逐渐减小的。在弹簧质点与平衡点的距离呈等差数列形式变化的情况下，简谐振子系统的能级差却是以 $\frac{x^2 - (x+1)^2}{A^2}$ 递减的方式进行的。离平衡点越近，能级差越小。

5.3.2　简谐振子算法

简谐振子系统中，弹簧质点由右端点运动到平衡点的过程中，质点的位置状态与势能状态一一对应，而且质点的运动是连续的，所以质点一定会经过系统的每一个位置状态，必将遍历系统的整个势能空间。若将质点的位置状态空间对应于优化问题的整个解空间，则遍历整个势能空间，必能求得问题的最优解。当将问题的解空间映射到质点的位置状态空间后，每个能级差区域内含有多个过程解，每个能级差区域的大小从右向左是逐步递减的，而且遵循简谐振子中能级差的划分规则，但是所有的过程解的大小是杂乱的。这样就完成了简谐振子系统中质点的位置状态与问题解状态的对应关系。因此，可以构造简谐振子算法来求解优化问题[7, 8]。

在简谐振子算法的初始阶段，通过指定次数的简单随机抽样计算目标函数来确定近似最优解与近似最劣解，两者之差 f 为问题的解差，此解差对应于简谐振子中的最大势能 U_A。在整个解空间随机求出两个解 $f(s)$ 和 $f(s')$，$f(s) - f(s')$ 的值表示两个解之间的相对距离，将此差值投影到单位长度上，即进行 $[f(s) - f(s')] / f$ 处理。假定 $f(s)$ 是当前求出的近似最优解，通过迭代运算，$f(s)$ 将逐步靠近最优解 $f(s*)$。最优解 $f(s*)$ 对应于简谐运动的基态，所以可把 $f(s) - f(s')$ 近似地看成新解与当前最优解之间的距离，而 $[f(s) - f(s')] / f$ 就是在单位长度上，新解与最优解的相对距离。确定了新解的能级区间，就可以确定新解的优劣，从而确定对新解的选择策略。

将弹簧质点的位置坐标对应于问题的解，振幅大小对应于问题的解空间范围，势能对应于目标函数值，谐振子基态对应于获得问题的最优解时系统的状态。简谐振子算法就是模拟谐振子的运动方法获得问题的解，首先随机或利用先验知识确定初始解 S，振幅 A 和初始步长 L_0 根据具体问题而定；然后对当前解重复过程"产生新解→计算目标函数差→接受准则判断→调整步长或接受新解"；算法终止时的当前解为问题的近似最优解。简谐振子算法分为三个阶段，第一个阶段是在解空间中以一定的次数查找右端点和平衡点（近似最差解和最优解），从而获得系统的近似最大势能。后两个阶段以算法所定义的基态步长 L_s 为分界线，步长大于基态步长时为宏观搜索阶段，对应于物理学中的经典谐振子的振动；步长小于或等于基态步长时为微观搜索阶段，对应于物理学中的量子谐振子的振动。

简谐振子算法描述如下。

（1）初始化振幅 A、初始步长 L_0、基态步长 L_s 和步长变化规则。

（2）随机生成解或根据问题的先验知识生成解 s，确定谐振子的端点 End 和振源 Init（目标函数值最大的为端点，最小的为振源）。

（3）产生新解 s'，计算目标函数增量 $\Delta f = f(s') - f(s)$，式中，$f(s)$ 为目标函数值。

（4）经典振动阶段。步长范围 $L \in (L_s, L_0)$，接受准则如下，若 $\Delta f \leq 0$ 或者 $\Delta f > 0$ 且 $\left(\dfrac{L_s}{L_0}\right)^2 - \dfrac{\Delta f}{f(\text{End}) - f(s)} \geq 0$，则接受新解 s' 为当前解，并记忆为最小解；否则丢弃新解 s'。若没完成指定的迭代次数，则变化当前步长 $L \in (L_s, L_0)$，转到第（3）步。

（5）量子振动阶段。步长范围 $L \in (1, L_s)$，替换最小值为当前解，接受准则如下，若 $\Delta f \geq 0$，则接受新解 s' 为当前解；否则丢弃新解 s'。

（6）若量子振动阶段满足终止条件，则终止算法，输出当前解（问题的近似最优解）。

5.3.3 混合型优化算法

1. 算法的原理和依据

模拟、实现自然界对信息指数级的处理能力而构造的智能算法，如遗传算法、免疫算法、蚁群算法等通称为自然算法。许多自然算法都在不同程度上使用了随机方法，自然算法的智能与随机数和不确定性有着神秘的联系。

简谐振子算法是模拟自然界谐振子运动的物理规律而构造的一种随机搜索算法，该算法既具有较强的全局搜索能力（经典振动阶段），又具有局部搜索能力（量子振动阶段）。和其他随机搜索算法（如遗传算法、模拟退火算法）相比，简谐振子算法的优势是其全局搜索能力较强，收敛速度较快。

目前，受生物免疫系统启发而产生的人工免疫系统正在兴起，作为计算智能研究的新领域，它提供了一种强大的信息处理和问题求解范式。国内外研究者已经从生物免疫系统的运行机制中获得启发，借助免疫机理和免疫学原理建立和发展了多种新颖、有效的智能算法，并用于解决社会中的工程应用问题。免疫优化算法是基于对免疫学中的克隆选择原理仿生而构造的一种智能算法，它借助多种仿生机理，如免疫记忆、克隆选择、抗体多样性、免疫调节、疫苗接种和免疫代谢等，并通过它们的综合作用来获得强大的寻优能力。与一般的确定性优化算法相比，免疫优化算法具有以下优点：同时搜索解空间中的一系列点，而不只是一个点；处理的对象是表示待求解的参数的编码字符串，而不是参数本身；使用的是目标函数本身，而不是其导数或其他附加信息；其变化规则是随机的，而不是确定的。与遗传算法相比，免疫优化算法的优势体现在减弱算法退化、扩大搜索范围、维持种群多样性和提高复杂优化问题的求解质量等方面。免疫优化算法通过对局部最优解进行大量的克隆和变异操作，可以实现对局部最优解领域内进行小范围搜索，从而具有较强的局部搜索能力[9, 10]。

当多个移动终端在蜂窝通信网与 WLAN 共存的异构无线网络环境中移动时，综合考虑移动终端的电池寿命、基站与接入点的负载，运用多目标最优化方法进行切换判决，为所有移动终端选择合适的目标网络，使整个网络资源得到合理利用。因此，异构无线网络环境中的垂直切换判决问题是一种对实时性和解精度要求均较强的优化问题。简谐振子算法和免疫优化算法都属于随机搜索算法，二者各有优缺点。本章将简谐振子算法和免疫优化算法融合在一起，利用简谐振子算法的全局搜索能力满足实时性要求，利用免疫优化算法的局部搜索能力满足精度要求。基于此，本章构造了一种简谐振子免疫优化算法来求解垂直切换判决问题。

2. 算子设计

1）抗体克隆算子

设第 g 代抗体种群为 $D(g)$，抗体种群规模为 N_D；记忆种群为 $G(g)$，记忆种群规

模为 N_G；克隆后生成的抗体种群为 $E(g)$，其规模为 N_E；设记忆克隆操作为 O^C，则对种群 $D(g)\bigcup G(g)$ 施加 O^C 后生成新种群 $E(g)$ 的过程为

$$O^C(D(g)\bigcup G(g))$$
$$= O^C\{\boldsymbol{X}_1(g), \boldsymbol{X}_2(g), \cdots, \boldsymbol{X}_{N_D}(g), \boldsymbol{X}_{N_D+1}(g), \cdots, \boldsymbol{X}_{N_D+N_G}(g)\}$$
$$= \{O^C(\boldsymbol{X}_1(g)), O^C(\boldsymbol{X}_2(g)), \cdots, O^C(\boldsymbol{X}_{N_D+N_G}(g))\}$$
$$= \{\boldsymbol{X}_1^1(g), \boldsymbol{X}_1^2(g), \cdots, \boldsymbol{X}_1^{p_1}(g)\}\bigcup\{\boldsymbol{X}_2^1(g), \boldsymbol{X}_2^2(g), \cdots, \boldsymbol{X}_2^{p_2}(g)\}$$
$$\bigcup\cdots\bigcup\{\boldsymbol{X}_{N_D+N_G}^1(g), \boldsymbol{X}_{N_D+N_G}^2(g), \cdots, \boldsymbol{X}_{N_D+N_G}^{p_{N_D+N_G}}(g)\}$$
$$= E(g) \tag{5.16}$$

式中，p_i 为抗体 $\boldsymbol{X}_i$ 克隆的份数。本章设计的克隆操作采用了比例克隆方式，即

$$p_i = \text{fix}\left(n_c \times \frac{\text{cDis}(\boldsymbol{X}_i, \text{POP})}{\sum_{j=1}^{N_D+N_G} \text{cDis}(\boldsymbol{X}_j, \text{POP})}\right) \tag{5.17}$$

式中，$\text{fix}(\cdot)$ 为取整函数；n_c 为克隆份额；$\text{cDis}(\boldsymbol{X}_i, \text{POP})$ 为抗体 $\boldsymbol{X}_i$ 在种群 POP 中的拥挤距离值。抗体拥挤距离的定义为

$$\text{cDis}(\boldsymbol{X}_i, \text{POP}) = \sum_{j=1}^{2} \frac{\text{cDis}_j(\boldsymbol{X}_i, \text{POP})}{f_j^{\max} - f_j^{\min}} \tag{5.18}$$

式中，$f_j^{\max}$ 和 $f_j^{\min}$ 分别为当前种群 POP 中第 j 个目标适应度函数的最大值和最小值；$\text{cDis}_j(\boldsymbol{X}_i, \text{POP})$ 为抗体 $\boldsymbol{X}_i$ 在第 j 个目标下的拥挤距离，定义为

$$\text{cDis}_j(\boldsymbol{X}_i, \text{POP}) = \begin{cases} \infty, & f_j(\boldsymbol{X}_i) = f_j^{\max} \text{ 或 } f_j(\boldsymbol{X}_i) = f_j^{\min} \\ \min\{f_j(\boldsymbol{X}_{i-1}) - f_j(\boldsymbol{X}_{i+1}), 0\}, & \text{其他} \end{cases} \tag{5.19}$$

由拥挤距离的定义可以看出，种群 POP 中抗体 $\boldsymbol{X}_i$ 的邻居数目情况在解空间中反映为候选解 $e^{-1}(\boldsymbol{X}_i)$ 周围存在的其他候选解的稀疏情况。

2）基因重组算子

设克隆后种群规模为 N_E，记为 $E(g) = \{\boldsymbol{X}_1(g), \boldsymbol{X}_2(g), \cdots, \boldsymbol{X}_{N_E}(g)\}$。基因重组操作记为 O^R，则对种群 $E(g)$ 施加 O^R 后生成新种群 $F(g)$ 的过程为

$$O^R(E(g)) = \{O^R(\boldsymbol{X}_1(g)), O^R(\boldsymbol{X}_2(g)), \cdots, O^R(\boldsymbol{X}_{N_E}(g))\}$$
$$= \{\boldsymbol{X}_1'(g), \boldsymbol{X}_2'(g), \cdots, \boldsymbol{X}_{N_E}'(g)\} = F(g) \tag{5.20}$$

对于矩阵编码的抗体 $\boldsymbol{X}_i$，本章设计的基因重组操作为随机选择 $\boldsymbol{X}_i$ 中第 d 列和第 e 列进行对换形成新的抗体 $\boldsymbol{X}_i'$。

3）种群分类算子

对于种群 $F(g)$ 中的任一抗体 $X_r(g)$，若其满足约束条件，则 $H(g) \leftarrow H(g)$ $\bigcup \{X_r\}$，$F(g) \leftarrow F(g) - \{X_r\}$；否则 $\tilde{H}(g) \leftarrow \tilde{H}(g) \bigcup \{X_r\}$，$F(g) \leftarrow F(g) - \{X_r\}$。重复上述步骤，直到 $F(g)$ 为空。式中 $H(g)$ 为可行解集；$\tilde{H}(g)$ 表示不可行解集。按照 Pareto 占优，把 $H(g)$ 分成 Pareto 占优解集 $P(g)$ 和非 Pareto 占优解集 $\tilde{P}(g)$。按照违反约束的程度，把 $\tilde{H}(g)$ 分成有益不可行解集 $Y(g)$ 和非有益不可行解集 $\tilde{Y}(g)$。

4）种群更新算子

设种群 $P(g)$ 的规模为 N_P，期望保留的种群规模为 N_D。对于两目标优化问题，本章设计的种群更新操作如下。

（1）分别计算种群 $P(g)$ 中抗体 $X_r (1 \leq r \leq N_P)$ 在两个目标函数下的适应度值 $z_{1,r}$、$z_{2,r}$，得到适应度矩阵 $Z = (z_{m,r})_{2 \times N_P}$。

（2）把矩阵中每一列元素之和作为对应抗体的综合适应度值。

（3）按照综合适应度值，对种群 $P(g)$ 中的抗体进行降序排序。

（4）选择前 N_D 个抗体构成新的种群 $P'(g)$。

3. 简谐振子免疫优化算法

本章构造的简谐振子免疫优化算法，其主要步骤如下。

（1）对垂直判决问题进行编码，完成解空间到编码空间的映射。

（2）初始化简谐振子系统的振幅 A、初始步长 L_0、基态步长 L_s 和步长变化规则。

（3）随机生成解或根据问题的先验知识生成解 s，确定谐振子的端点 End 和振源 Init（目标函数值最大的为端点，最小的为振源）。

（4）产生新解 s'，计算目标函数增量 $\Delta f = f(s') - f(s)$，式中，$f(s)$ 为目标函数值。

（5）若 $\Delta f \leq 0$ 或者 $\Delta f > 0$ 且 $\left(\dfrac{L_s}{L_0}\right)^2 - \dfrac{\Delta f}{f(\text{End}) - f(s)} \geq 0$，则接受新解 s' 为当前解，并记忆为最小解；否则丢弃新解 s'。若没完成指定的全局搜索次数，则变化当前步长 $L \in (L_s, L_0)$，转到第（4）步；否则转到第（6）步。

（6）对简谐振子算法找到的近似全局最优解进行解码，生成问题的近似最优解。

（7）把近似最优解作为先验知识，产生免疫优化算法的初始种群。对抗体种群进行初始化。设抗体种群为 $D(g)$，其种群规模为 n_D；记忆种群为 $G(g)$，其种群规模为 n_G；克隆后生成的种群为 $E(g)$，其种群规模为 n_E；可行解种群为 $H(g)$，非可行解种群为 $\tilde{H}(g)$；Pareto 占优解种群为 $P(g)$，非 Pareto 占优解为 $\tilde{P}(g)$；有益非可行解种群为 $Y(g)$，非有益非可行解种群为 $\tilde{Y}(g)$。最大迭代次数 gmax，初始化进化代数 $g = 0$。初始化抗体种群为 $D(g)$，从 $D(g)$ 中取 n_G 个抗体构成记忆种群 $G(g)$。

（8）对免疫优化算法的种群 $D(g) \bigcup G(g)$ 执行抗体克隆算子，生成种群 $E(g)$。

（9）对克隆生成的种群 $E(g)$ 执行基因变异算子，生成种群 $F(g)$。

（10）对基因变异后的种群 $F(g)$ 执行种群分类算子，把 $F(g)$ 划分为可行解子种群 $H(g)$ 和非可行解子种群 $\tilde{H}(g)$；把可行解集 $H(g)$ 划分为 $P(g)$ 和 $\tilde{P}(g)$；把非可行解集 $\tilde{H}(g)$ 划分为 $Y(g)$ 和 $\tilde{Y}(g)$。

（11）对种群 $P(g)$ 执行种群更新算子。

（12）若 $Y(g)$ 中存在一个抗体 $\boldsymbol{X}_y(g)$，其违反约束的程度小于记忆种群 $G(g)$ 中某抗体 $\boldsymbol{X}_m(g)$，则将抗体 $\boldsymbol{X}_y(g)$ 添加到 $G(g)$ 中，同时将 $G(g)$ 中的抗体 $\boldsymbol{X}_m(g)$ 删除。依次进行，直到 $Y(g)$ 中每个抗体的违反约束的程度都大于或等于 $G(g)$ 中的抗体违反约束的程度。

（13）若终止条件满足，则转到第（14）步；否则令 $D(g+1)=P(g)$，$G(g+1)=G(g)$，$g=g+1$，转到第（8）步。

（14）对种群 $P(g)$ 中的抗体进行解码操作，生成垂直切换判决方案。对于多目标优化算法，输出的 Pareto 占优解可能有多个，即生成的候选方案可能有多个。

5.4　基于简谐振子免疫优化算法的垂直切换判决方案

5.4.1　问题编码

按照本章前面的叙述，每个多模终端的会话只能切换到一个基站中，也就是说，把终端切换到哪个基站是组合优化问题，所以采用二进制编码是适宜的。

本章采用矩阵编码接入控制方案，即

$$\boldsymbol{X} = \begin{bmatrix} x_{1,1} & x_{1,2} & \cdots & x_{1,K} \\ x_{2,1} & x_{2,2} & \cdots & x_{2,K} \\ \vdots & \vdots & & \vdots \\ x_{S,1} & x_{S,2} & \cdots & x_{S,K} \end{bmatrix} \tag{5.21}$$

式中，每列表示一个会话的垂直切换判决情况，由于每个会话最多只能垂直切换到一个基站，所以在矩阵中，每列元素值之和最多为 1。为了使负载在各个基站之间平衡，每个基站接入终端的数目不宜过多，即矩阵中每行值为 1 的元素不能过多。

5.4.2　垂直切换判决方案

（1）系统初始化，输入异构网络的工作环境参数。

（2）系统垂直切换判决周期计时器复位。

（3）对一调度周期内的垂直切换请求进行判决。

① 切换判决控制器接收到垂直切换请求。

② 对需要垂直切换会话的参数进行预处理。

③ 获取异构网络系统状态信息数据。

④ 运行多目标优化简谐振子免疫优化算法，获得多个垂直切换分配方案。

⑤ 垂直切换判决控制器按照预制策略，选择执行一个垂直切换分配方案。

⑥ 垂直切换判决控制器更新异构网络系统的状态信息数据。

⑦ 若计时器时间用完，则转到第（4）步；否则转到第①步。

（4）更新接入点和基站的可用带宽，转到第（2）步。

5.5　仿真实验及结果分析

5.5.1　实验设置

实验用的计算机系统配置如下：HP Z800 Workstation，双核 CPU（Intel Xeon Quad-Core W5580 3.2GHz），12GB 内存，450GB 硬盘，Windows 7。仿真基于 MATLAB 和 NS2 环境。假定在 WLAN 和蜂窝网络重叠覆盖的区域 Ω 内，存在 5 个 WLAN 接入点和两个蜂窝网络基站，分为 50 个多模终端和 100 个多模终端两种场景。实验开始时，多模终端均匀分布在区域 Ω 内。为了模拟实际环境下的终端移动情形，本章采用了随机移动模型[11]。多模终端在异构网络环境下的接收信号长度通过随机移动模型来计算。会话终端需求的速率有三种：64Kbit/s、128Kbit/s 和 192Kbit/s。终端电池的初始电量为 3×10^3J。终端电池电量消耗速率服从以 5mJ/s 为均值的指数分布。WLAN 接入点的最大带宽为 20Mbit/s，蜂窝网络基站的最大带宽为 2Mbit/s。WLAN 接入点和蜂窝网络基站的单位带宽代价分别为 0.1 元、1 元。

5.5.2　实验结果

在相同的实验环境下，本章对文献[5]的垂直切换判决方案、文献[6]的垂直切换判决方案和本章提出的垂直切换判决方案进行了对比实验。就 50 个多模终端、100 个多模终端这两种测试场景下，分别对 3 种垂直切换判决方案独立运行 10 次，每次运行时间为 1000s。本章使用了 3 个指标评估垂直切换判决方案的性能：终端电池的平均生存时间、负载分布均匀性、垂直切换过程中的会话掉话率。

在两种测试场景下，3 种垂直切换判决方案在电池生存时间上的表现如图 5.1 和图 5.2 所示。

从图 5.1 和图 5.2 可以看出，本章方案在终端电池生存时间指标上的表现最好，优于文献[5]方案和文献[6]方案；文献[5]方案表现最差。

在 50 个多模终端和 100 个多模终端两种场景下，3 种方案的终端电池生存时间随仿真时间的变化曲线如图 5.3 和图 5.4 所示。

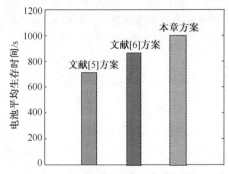

图 5.1　50 个多模终端场景下的电池生存时间

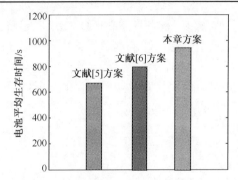

图 5.2　100 个多模终端场景下的电池生存时间

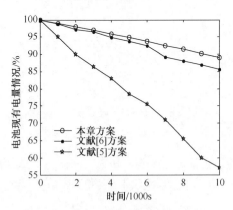

图 5.3　电池生存时间随仿真时间的
变化曲线（50 个终端）

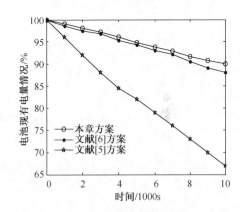

图 5.4　电池生存时间随仿真时间的
变化曲线（100 个终端）

从图 5.3 和图 5.4 可以看出，随着仿真时间的推移，终端电池的生存时间越来越小；从生存时间的下降速率看，本章方案下降得最缓慢，本章方案表现最佳。

标准方差与均值的比称为变异系数（Coefficient of Variation，CoV），它是衡量负载均衡的有效指标，其值越小，负载均衡性越好。3 种方案在两种测试场景下的变异系数表现如图 5.5 和图 5.6 所示。

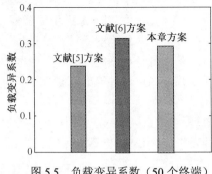

图 5.5　负载变异系数（50 个终端）

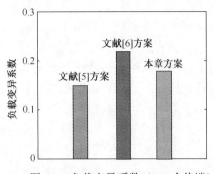

图 5.6　负载变异系数（100 个终端）

　　从图 5.5 和图 5.6 可以看出，文献[5]方案的负载变异系数最小，即文献[5]方案的负载均衡性最好；本章方案略逊色于文献[5]方案；文献[6]方案最差。

　　在 50 个多模终端和 100 个多模终端两种场景下，3 种方案的会话切换掉话率随仿真时间的变化曲线如图 5.7 和图 5.8 所示。

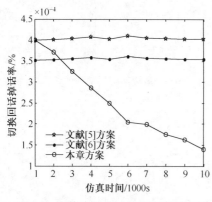

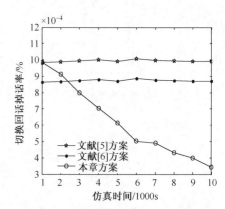

图 5.7　切换会话掉话率随仿真时间的
变化曲线（50 个终端）

图 5.8　切换会话掉话率随仿真时间的
变化曲线（100 个终端）

　　从图 5.7 和图 5.8 可以看出，本章方案的切换会话掉话率随着仿真时间逐步下降，而文献[5]方案和文献[6]方案变化不大，这说明本章方案优于文献[5]方案和文献[6]方案。

5.5.3　分析与讨论

　　从 5.5.2 节的实验结果看，本章所提出的垂直切换判决方案在终端电池生存时间、网络负载均衡性、切换会话掉话率 3 个指标上均有较好的表现，优于文献中的方案。

　　简谐振子算法具有较强的全局搜索能力，可以在宽广的范围内找到问题的近似最优解；而免疫优化算法具有较强的局部搜索能力，在近似最优解附近进行深度搜索，从而找到问题的最优解。本章把简谐振子算法和免疫优化算法有效地融合在一起，提出了基于简谐振子免疫优化算法的垂直切换判决方案，本章方法能够获得问题解空间中的最优方案。另外，本章设计了基于矩阵的抗体编码，由于每个终端会话在某时刻最多只能切换到一个网络中，所以在抗体矩阵中，每列元素值之和最多为 1。本章通过约束处理，降低了矩阵的计算复杂性。本章把接近可行解边缘的不可行解简称为有益解。有益解对算法搜索最优解是非常有帮助的，尤其是当搜索空间（决策空间）是非凸空间时，因此，本章把有益解组成记忆种群，并参与抗体种群的克隆操作，进而提高了算法的收敛性能。

　　在异构网络环境中，WLAN 常常被部署在蜂窝网络覆盖区域内，给用户提供无缝的宽带应用。随着用户终端的移动，垂直切换频繁地发生在 WLAN 与蜂窝网络之间。垂直切换判决方案决定了垂直切换的性能。已有的文献多把垂直切换判决问题建模为单目标优化问题，多把负载均衡为优化目标，这样就忽略了某些要素，所获得的方案偏离实际需求较大。另外，为了负载均衡，可能将会话切换到离终端较远的接入点或基站，从而使终端电池消耗过快，降低了用户体验性能。在对异构无线网络垂直切换判决问题进行深入研究和论证的基础上，本章方案把负载平衡和多模终端的电池生存时间作为两个相互关联的优化目标，把负载均衡作为一个优化目标，把终端电池生存时间作为另一个优化目标，把垂直切换判决问题建模为两目标优化问题，这种方案和实际需求是一致的。本章首次将异构网络环境下的垂直切换判决问题建模为多目标优化问题，从而使本章设计的垂直切换判决方案在负载均衡和终端电池生存时间之间获得了更好的性能折中，同时也更好地兼顾了切换会话掉话率。本章方案既考虑了网络运营商的利益（负载平衡能给网络运营商带来网络容量方面的收益），又考虑了网络用户的利益（用户多模终端电池生存时间的增加，可以带来用户手机终端待机时间的增长），是非常有用的方案。

5.6　本章小结

在 WLAN 与蜂窝网络构成的异构网络环境下，为了提供无缝的、高可用的无线应用服务，垂直切换是非常重要的。本章综合考虑了多模终端电池生存时间和网络负载均衡两个优化目标，给出了基于简谐振子免疫优化算法的垂直切换判决方案。与文献[5]方案和文献[6]方案相比，本章方案在终端电池生存时间、网络负载均衡性、切换会话掉话率 3 个指标上均有较好的表现，具有较好的应用参考价值。

随着更多无线接入技术（如 Ad-hoc、Wi-MAX、B3G、4G）的逐步流行，异构网络环境将变得更加复杂。随着用户对网络实时性、高可用性、高带宽性的服务需求日益增高，垂直切换判决变得越来越重要。本书下一步研究工作是为复杂的异构网络环境提供一种快速且有效的垂直切换判决方案。

参 考 文 献

[1]　李军. 异构无线网络融合理论与技术实现. 北京: 电子工业出版社, 2009:110-116.

[2]　Liu S M, Meng Q M, Pan S, et al. A simple additive weighting vertical handoff algorithm based on SINR and AHP for heterogeneous wireless networks. Journal of Electronics and Information Technology, 2011, 33(1): 235-239.

[3]　Kumudu S M, Abbas J. An analytical evaluation of mobility management in integrated WLAN-UMTS networks. Computers and Electrical Engineering, 2010, 36(4): 735-751.

[4]　Kaveh S, Alireza A, Victor C M. Optimal distributed vertical handoff strategies in vehicular heterogeneous networks. IEEE Journal on Selected Areas in Communications, 2011, 29(3): 534-544.

[5]　Liu X W, Fang X M, Chen X, et al. A bidding model and cooperative game-based vertical handoff decision algorithm. Journal of Network and Computer Applications, 2011, 34(4): 1263-1271.

[6]　Chi S, Enrique S N, Vahid S M, et al. A constrained MDP-based vertical handoff decision algorithm for 3G heterogeneous wireless networks. Wireless Networks, 2011,17(4): 1063-1081.

[7]　宋艳丽. 简谐噪声激励下 FitzHugh-Nagumo 神经元的动力学行为. 物理学报, 2010, 59(04): 2334-05.

[8]　凌瑞良, 冯金福, 胡云. 含时二维双耦合各向异性谐振子的严格波函数. 物理学报, 2010, 59(02): 0759-06.

[9]　柴争义, 刘芳, 朱思峰. 基于免疫克隆选择优化的认知无线网络频谱分配. 通信学报, 2010, 31(11): 92-100.

[10]　朱思峰, 刘芳, 柴争义. 基于免疫计算的 TD-SCDMA 网络基站选址优化. 通信学报, 2011, 32(1): 106-110.

[11]　Bettstetter C, Resta G, Santi P. The node distribution of the random waypoint mobility model for wireless Ad Hoc networks. IEEE Transactions on Mobile Computing, 2003, 2(3): 257-269.

第6章 基于免疫克隆优化的认知无线网络频谱分配

6.1 引 言

目前，随着无线通信业务的持续增长，无线频谱资源越发紧缺，导致新业务开展困难。现有的频谱管理体制将频谱分配给注册的授权用户，无论授权用户使用与否，非授权用户均不能使用该频段。而美国联邦通信委员会（Federal Communications Commission，FCC）的研究报告表明，已有授权用户对频谱的占用率并不高[1]。为了提高对有限的无线频谱资源的利用率，在下一代网络（也称为认知网络）中，提出了动态频谱共享机制。在认知无线网络中，次用户（也称为非授权用户、认知用户）可以在主用户（也称为授权用户）许可的情况下，通过对频谱使用状况的实时感知，在不干扰主用户通信的前提下，动态接入主用户的空闲频段（频谱空穴），从而最大限度地利用频谱资源，提高频谱使用效率。因此，认知无线网络的动态频谱感知和分配技术已经成为业界关注的热点之一[1]。

根据认知无线网络组网架构、频谱接入等技术的不同，现有的频谱分配方法主要包括博弈论[2-5]、拍卖理论[6-10]、图着色[11-15]等方法。由于基于图着色的解决方法具有较好的灵活性和适用性，得到了研究者的普遍关注。文献[11]提出了一种基于 List 着色的频谱分配算法，没有考虑频谱效益的差异性；文献[12]给出了频谱分配的颜色敏感图着色（Color Sensitive Graph Coloring，CSGC）模型，并对频谱分配的效益和公平性进行了较详尽的分析，但运算量较大；文献[13]在此基础上提出了一种并行图着色频谱分配算法，降低了运算量；文献[14]将遗传算法引入频谱分配，并证明了其可行性；文献[15]提出了基于量子遗传算法的频谱分配算法，提高了频谱分配效果。

频谱分配模型可以看成一个优化问题，同时其最优着色算法是一个 NP-hard 问题[12, 14]。因此，此问题适合用智能方法求解。基于此，本书利用免疫克隆选择算法具有的快速的收敛速度、较好的种群多样性和避免早熟收敛的特性，提出了一种新的基于免疫克隆选择计算的认知无线网络频谱分配方法，并通过对比实验和基于无线区域网（Wireless Regional Area Network，WRAN）的系统级仿真，表明了本方法的优越性和有效性。

6.2 认知无线网络的频谱感知和分配模型

6.2.1 物理层频谱感知过程

认知无线网络中，物理层频谱感知算法的主要功能是通过监测主用户发射机的信号来判断通信范围内是否存在主用户，从而确定空闲频谱。由于本书主要解决感知到频谱后如何进行分配的问题，所以，结合 IEEE 802.22 的 WRAN 的特点，对频谱的感知采用两阶段检测法[16]。

IEEE 802.22 标准使用固定的一点对多点无线空中接口，它至少包括一个基站、一个或多个用户驻地设备。基站管理着整个小区和相关的所有用户终端。基站通过全向天线将信号发送给用户设备，并根据接收到的反馈信息和自己的感知信息决策进一步的行动，进行相应调整，改变系统的相关工作参数（如发射功率、占用信道、编码方式等）以保护授权用户。WRAN 系统的最大覆盖范围可达 100km。

WRAN 自动感知电视信道的空闲频谱，工作于 54～862MHz VHF/UHF（扩展频率范围为 47～910MHz）频段中的 TV 信道，可与电视等已有设备共存且不对电视业务产生干扰[17]。为了提高检测的精度和灵敏度，感知过程采用两段式感知机制：在快速感知阶段，采用多分辨率频谱检测算法，对整个宽频带范围进行灵活、可变的快速信号检测，通常采用单一的感知方法（如能量检测、导频信号能量检测等），迅速感知是否存在授权用户；在精细感知阶段，利用精细特征检测来捕获授权用户的详细信息。更详细的感知过程可参考文献[16]。

本书的主要研究内容是在感知到可用频谱后，如何在满足一定的分配目标的同时，将可用频谱在次用户间进行分配，以达到收益最大。

6.2.2　物理连接模型及建模过程

假设在一个 $X \times Y$ 的区域中，随机分布着 I 个主用户和 N 个次用户，可用频谱被划分为 M 个完全正交的频段，次用户在满足频谱分配规则的前提下，可以同时使用多个频谱，各个频谱的性质相同。假设用户间的干扰由其地理位置上的相互距离决定，各用户（包括主用户和次用户）使用全向天线。对于每个频谱，主用户都对应一个覆盖区域，这个区域是以主用户为圆心、以 $r_p(i, m)(i \in I, m \in M)$ 为覆盖半径的一个圆形区域。如果次用户在这个覆盖区域内使用与主用户相同的频谱，将对主用户产生干扰，导致传输失败。而对于次用户，其在每个频谱上也有一个干扰区域，这个干扰区域是以该次用户为圆心、以 $r_s(n, m)$ 为半径的一个圆形区域 $(n \in N)$，次用户通过调整其功率（干扰半径），避免与主用户冲突。只有主用户在某个频谱上的覆盖范围和次用户在该频谱上的干扰范围在地理上没有重叠的时候，使用与主用户相同的频谱才不会对主用户产生干扰。同时，如果两个次用户在某个频谱上的干扰区域出现重叠，则它们也不能同时使用该频谱，并定义这两个用户在该频谱上为邻居。这里假设所有的主用户和次用户都使用相同的功率，所有主用户和次用户在各个信道上的覆盖区域大小分别相同，具有相同的覆盖半径。

为了更好地描述系统，图 6.1 给出了一个 WRAN 使用暂时空闲的电视频谱提供无线连接的示意图。区域中随机分布着 4 个主用户和 4 个次用户，系统中有 3 个可用广播频谱 (A, B, C)。这里，广播基站 $i(1 < i < 4)$ 是主用户，无线接入点 $n(1 < n < 4)$ 是次用

户。每个主用户 i 占用一个信道 m，其保护范围是 $r_p(i,m)(m \in M)$，每一个次用户 n，$r_s(n,m)$ 是其干扰范围。只有满足 $r_s(n,m) + r_p(i,m) \leqslant d(n,i)$，次用户与主用户使用相同

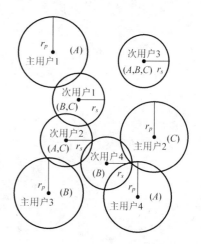

的信道才不会造成干扰。图 6.1 中括号里的数字对于主用户，指的是其使用的频谱，对于次用户，是感知到的可用频谱（感知算法采用 6.2.1 节介绍的算法）。从图 6.1 中可以看出，次用户 1 的干扰范围和主用户 1 的覆盖范围出现重叠，因此对于次用户 1，只有频谱 B 和 C 是可用的；而次用户 3 因为其干扰范围与各主用户的覆盖范围均不重叠，所以频谱 A、B、C 对其来说均可用，另外，次用户 1 和次用户 2 在频谱 C 上为邻居，其他表示类似。

在认知无线网络应用环境中，网络的拓扑结构会随着环境的变化而发生改变，其改变可以通过系统每个周期的检测报告获得。由于认知无线网络系统进行频谱分配的时间相对于频谱环境变化的时间

图 6.1　认知无线网络拓扑示意图

很短，所以假定一个检测周期内的系统拓扑结构不会发生改变。

6.2.3　认知无线网络频谱分配的图着色模型

根据认知无线网络的特点，其频谱分配必须考虑三方面的问题[10-12]：①次用户对主用户的干扰；②次用户相互之间的干扰；③认知无线网络系统的效益。在基于图着色的频谱分配模型中，将频谱分配给认知用户，相当于为图中节点着色。

具体建模过程如下。将某时刻感知到的网络拓扑转化为一个无向冲突图 $G = (V, S, E)$。$V = \{v_i \mid i = 1, 2, \cdots, n\}$ 是顶点集合，一个顶点代表认知无线网络中的一个认知用户；S 代表每个节点的颜色列表，即可用频谱；$E = \{e_{ij} \mid i, j = 1, 2, \cdots, n\}$ 是图中无向边的集合，$e_{ij} = 0$ 表示顶点 i 和 j 不相连，其代表的认知用户可以使用同一频谱；相应地，$e_{ij} = 1$ 表示顶点 i 和 j 之间有一条边相连，其代表的认知用户不能使用同一频谱，即它们相互冲突（由干扰约束范围决定）。因此，满足条件的有效频谱分配对应的着色条件可以描述为：当两个不同顶点间存在一条颜色为 m（频谱 m）的边时，这两个顶点不能同时着 m 色，即不能同时使用频谱 $m(m \in S)$。

由此可见，基于图着色理论的认知无线网络频谱分配模型与传统频谱分配模型的不同之处在于增加了对主用户干扰的考虑，同时也考虑了用户的可用频谱的空时差异性问题。

6.2.4　认知无线网络的频谱分配矩阵

根据图着色分析，认知无线网络频谱分配模型可以建模为用以下矩阵表示[11-13]：

可用（空闲）频谱（leisure）矩阵 L、效益（benefit）矩阵 B 和干扰（constraint）矩阵 C、无干扰分配（allocation）矩阵 A。

假定共有 N 个次用户，认知无线网络感知到的可用频带数为 M，频带间相互正交。对各个矩阵进行如下定义。

定义 6.1   可用频谱矩阵 L。可用频谱矩阵是指在某个空间、某个时间主用户不占用的频谱资源。一个频谱对次用户是否可用，用可用频谱矩阵 L 表示，记为

$$L=\{l_{n,m} \mid l_{n,m} \in \{0,1\}\}_{N \times M}$$

式中，$l_{n,m}=1$ 表示次用户 $n(1 \leqslant n \leqslant N)$ 可以使用频谱 $m(1 \leqslant m \leqslant M)$，$l_{n,m}=0$ 表示次用户 n 不能使用频谱 m。

定义 6.2   效益矩阵 B。不同的次用户由于所处的环境和采用的发射功率等技术有所不同，在同一个有效空闲频谱上获得的效益可能不一样。用户获得的效益用效益矩阵 B 表示，即 $B=\{b_{n,m}\}_{N \times M}$ 表示用户 $n(1 \leqslant n \leqslant N)$ 使用频谱 $m(1 \leqslant m \leqslant M)$ 后得到的效益。

很显然，当 $l_{n,m}=0$ 时，必有 $b_{n,m}=0$，保证只有有效可用的频谱才有效益矩阵。

在 IEEE 802.22 WRAN 中，定义效益矩阵为带宽速率，效益分为 6 个等级，与调制方式（QPSK、QAM 等）和编码速率有关。具体的参数参考 IEEE 802.22 的认知无线区域网提案[17]。

定义 6.3   干扰矩阵 C。对于某一个可用频谱，不同的次用户都可能使用该频谱，这样次用户之间可能会产生干扰。次用户之间的干扰用干扰矩阵 C 表示，即

$$C = \{c_{n,k,m} \mid c_{n,k,m} \in \{0,1\}\}_{N \times N \times M}$$

式中，$c_{n,k,m}=1$ 表示次用户 n 和 $k(1 \leqslant n,k \leqslant N)$ 同时使用频谱 $m(1 \leqslant m \leqslant M)$ 时会产生干扰，相反，$c_{n,k,m}=0$ 表示不会产生干扰。

在图 6.1 中，当 $r_s(n,m)+r_p(k,m) \leqslant d(n,k)$ 时产生干扰，即 $c_{n,k,m}=1$。干扰矩阵由可用频谱矩阵决定。当 $n=k$ 时，$c_{n,n,m}=1-l_{n,m}$，并且矩阵元素要满足 $c_{n,k,m} \leqslant l_{n,m} \times l_{k,m}$，即只有频谱 m 同时对次用户 n 和 k 可用时，才可能产生干扰。

定义 6.4   无干扰分配矩阵 A。将可用、无干扰的频谱分配给用户，得到无干扰分配矩阵为

$$A = \{a_{n,m} \mid a_{n,m} \in \{0,1\}\}_{N \times M}$$

式中，$a_{n,m}=1$ 表示将频带 m 分配给次用户 n，$a_{n,m}=0$ 表示没有将频带 m 分配给次用户 n。无干扰分配矩阵必须满足干扰矩阵 C 定义的如下无干扰约束条件：

$$a_{n,m} \times a_{k,m}=0, \quad c_{n,k,m}=1, \quad \forall n,k < N, m < M$$

从上面的定义和分析可知，满足分配限制条件的分配矩阵 A 不止一个，用 AN，M 表示所有满足条件的分配矩阵 A 的集合。给定某一无干扰频谱分配 A，次用户 n 因此获得的总收益用效益向量 R 表示为

$$\boldsymbol{R} = \left\{ r_n = \sum_{m=1}^{M} a_{n,m} \times b_{n,m} \right\}_{N \times 1}$$

认知无线网络频谱分配的目标即最大化网络效益 $U(\boldsymbol{R})$，则频谱分配可表示为如下所示的优化问题：

$$\boldsymbol{A}* = \underset{A \in \wedge(L,C)N,M}{\mathrm{argmax}} \ U(\boldsymbol{R})$$

式中，$\mathrm{arg}(\cdot)$ 表示求解网络效益最大时所对应的频谱分配矩阵 $\boldsymbol{A}$。因此，$\boldsymbol{A}*$ 就是所求的最优无干扰频谱分配矩阵。

由于不同的应用需求需要有不同的效益函数，考虑到网络中的流量和公平性需求，$U(\boldsymbol{R})$ 的定义一般采用如下 3 种形式。

（1）最大化网络的效益总和（Max-Sum-Reward，MSR），其目标是网络系统的总效益最大，优化问题表示为

$$U_{\mathrm{sum}} = \sum_{n=1}^{N} r_n = \sum_{n=1}^{N} \sum_{m=1}^{M} a_{n,m} \times b_{n,m}$$

为了与以下的两种效益函数有相同的尺度，本书使用平均效益代替总效益。定义平均最大化网络效益总和 MSRM（MSR-Mean）为

$$U_{\mathrm{mean}} = \frac{1}{N} \sum_{n=1}^{N} r_n = \frac{1}{N} \sum_{n=1}^{N} \sum_{m=1}^{M} a_{n,m} \times b_{n,m}$$

（2）最大化最小带宽（Max-Min-Reward，MMR）。其目标是最大化受限用户（瓶颈用户）的频谱利用率。优化问题表示为

$$U_{\mathrm{min}} = \min_{1 \leqslant n \leqslant N} r_n = \min_{1 \leqslant n \leqslant N} \left(\sum_{m=1}^{M} a_{n,m} \times b_{n,m} \right)$$

（3）最大比例公平性度量（Max-Proportional-Fair，MPF）。其目标是考虑每个用户的公平性。为了保证与 U_{mean} 和 U_{min} 可比，将公平性度量改为

$$U_{\mathrm{fair}} = \left(\prod_{n=1}^{N} r_n \right)^{\frac{1}{N}} = \left(\prod_{n=1}^{N} \sum_{m=1}^{M} a_{n,m} \times b_{n,m} + 10^{-4} \right)^{\frac{1}{N}}$$

因此，在同样的分配下，有 $U_{\mathrm{mean}} \geqslant U_{\mathrm{fair}} \geqslant U_{\mathrm{min}}$。

6.3　基于免疫克隆优化的频谱分配具体实现

6.3.1　算法具体实现

本频谱分配问题描述为在可用频谱矩阵 $\boldsymbol{L}$、效益矩阵 $\boldsymbol{B}$、干扰矩阵 $\boldsymbol{C}$ 已知的情况下，如何找到最优的频谱分配矩阵 $\boldsymbol{A}$，使得网络效益 $U(\boldsymbol{R})$ 最大。

本章设计的基于免疫克隆选择计算的频谱分配算法基本步骤如下（P 表示抗体种群，P 表示一个抗体）。

（1）初始化。

设进化代数 g 为 0，随机初始化种群 $P(g) = \{P_1(g), P_2(g), \cdots, P_s(g)\}$，式中，$s$(size) 表示种群规模。同时设置记忆单元 $M_u(g)$，规模大小为 t，初始为空。抗体采用二进制编码，每个抗体长度为 $l = \sum_{n=1}^{N} \sum_{m=1}^{M} l_{n,m}$，即 l 为可用频谱矩阵 L 中元素值不为 0 的元素个数；每个抗体代了一种可能的频谱分配方案。同时，分别记录矩阵 L 中值为 1 的元素对应的 n 与 m，并将其按照先 n 递增、后 m 递增的方式保存在 L_1 中。即 $L_1 = \{(n,m) \mid l_{n,m} = 1\}$。显然，$L_1$ 中元素个数为 l [15]。

（2）抗体表示到频谱分配方案的映射。

将种群中每个抗体 $p_i^g (1 < i < s)$ 的每一位 $j(1 \leq j \leq l)$ 映射为矩阵 A 的元素 $a_{n,m}$，式中，(n,m) 的值为 L_1 中相应的第 j 个元素 $j(1 \leq j \leq l)$。此时，所对应的分配矩阵 A 就是一种可能的频谱分配方案。

（3）干扰约束的处理。

对分配矩阵 A 进行修正，要求必须满足干扰矩阵 C，具体实现过程如下，对任意 m，如果 $c_{n,k,m} = 1$，则检查矩阵 A 中第 m 列的第 n 行和第 k 行元素值是否都为 1。若是，则随机将式中，一个位设置为 0，另一位保持不变。此时得到的分配矩阵 A 则为经过约束处理的可行解；同时，对相应的抗体表示进行映射，更新 $P(g)$。

（4）对 $P(g)$ 进行亲和度函数评价。

由于频谱分配所要实现的目标是最大化网络效益 $U(R)$，所以本书直接将 $U(R)$ 作为亲和度函数。对 $P(g)$ 中的 s 个抗体进行亲和度计算，将结果按从大到小的顺序降序排序，并用亲和度高的前 $t(t < s)$ 个抗体对记忆单元 $M_u(g)$ 进行更新（如果记忆单元为空，则直接将 t 个抗体放入 $M_u(g)$，否则按照亲和力大小进行替换，保证记忆单元中保留适应度最高的 t 个抗体）。因此，记忆单元 $M_u(g)$ 亲和度最大的抗体所对应的分配矩阵 A 就是所求的最优频谱分配方案。

（5）终止条件判断。

如果达到最大进化次数 gmax，算法终止，将记忆单元中保存的亲和度最高的抗体映射为 A 的形式，即得到了最佳的频谱分配；否则转到第（6）步。

（6）克隆操作。

本书对亲和度高的前 t 个抗体进行克隆。对克隆操作 T_c^C 定义为

$$P'(g) = T_c^C(P(g)) = [T_c^C(P_1(g)), T_c^C(P_2(g)), \cdots, T_c^C(P_t(g))]^T$$

具体克隆方法如下，设选出的 t 个抗体按亲和度降序排序为 $P_1(g), P_2(g), \cdots, P_t(g)$，则对第 q 个抗体 $P_q(g)(1 \leq q \leq t)$ 克隆产生的抗体数目为

$$N_q = \text{Int}\left(n_t \times \frac{f(P_q(g))}{\sum\limits_{h=1}^{t} f(P_h(g))} \times \frac{1}{c_{(P_q(g))}} \right)$$

式中，$\text{Int}(\cdot)$ 表示向上取整；$f(\cdot)$ 表示抗体的亲和度；$n_t > t$ 是控制参数；$c_{(P_q(g))}$ 表示抗体 $P_q(g)$ 的浓度，其计算公式定义为 $c_{(P_q(g))} = \sum\limits_{h=1}^{t} S(P_q(g), P_h(g))$，$S(\cdot)$ 表示相似的抗体集合。其中，$S(P_q(g), P_h(g)) = \begin{cases} 1, & d(P_q(g), P_h(g)) < \theta \\ 0, & \text{其他} \end{cases}$，$d(\cdot)$ 表示二者之间的汉明距离，θ 为阈值。

上述公式表明，抗体的亲和度函数越高，抗体浓度越小，克隆规模越大。这样有利于保持种群多样性，避免早熟收敛。

克隆之后，种群变为

$$\boldsymbol{P}'(g) = \{(\boldsymbol{P}_1'(g)), (\boldsymbol{P}_2'(g)), \cdots, (\boldsymbol{P}_t'(g))\}$$

（7）变异。

依据概率 p_m 对克隆后的种群 $\boldsymbol{P}'(g)$ 进行变异操作 T_g^C，得到抗体种群 $\boldsymbol{P}''(g)$。变异过程表示为

$$p(P_i'(g) \to P_i''(g)) = (p_m)^{d(P_i'(g), P_i''(g))} (1 - p_m)^{(l - d(P_i'(g), P_i''(g)))}$$

式中，$d(\cdot)$ 为汉明距离；l 为编码长度。变异采用基本位变异[15]。变异后的种群为

$$\boldsymbol{P}''(g) = \{(\boldsymbol{P}_1''(g)), (\boldsymbol{P}_2''(g)), \cdots, (\boldsymbol{P}_t''(g))\}$$

（8）克隆选择 T_s^C。

为了保持群体规模 s 稳定，当 $\sum\limits_{q=1}^{t} N_q < s$ 时，随机产生 $s - \sum\limits_{q=1}^{t} N_q$ 个新的抗体进行补充；否则取前 s 个抗体组成新的抗体种群，记为 $\boldsymbol{P}(g+1) = T_s^C(\boldsymbol{P}''(g))$；转到第（2）步。

6.3.2　算法特点和优势分析

（1）抗体编码长度较短，减少了搜索空间。为求得分配矩阵 $\boldsymbol{A}$，传统的做法是将 $\boldsymbol{A}$ 中所有元素均采用一位二进制编码表示，这样将使抗体编码中包含大量冗余。原因在于由于 $\boldsymbol{A}$ 需要满足可用频谱矩阵 $\boldsymbol{L}$ 的约束限制，$\boldsymbol{L}$ 中值为 0 的元素相对应的分配矩阵 $\boldsymbol{A}$ 中的元素值也必定为 0。所以本书仅对与 $\boldsymbol{L}$ 中值为 1 的元素位置对应的 $\boldsymbol{A}$ 中的元素进行编码，故抗体长度为 $\boldsymbol{L}$ 中值为 1 的元素个数。同时，利用可用频谱矩阵 $\boldsymbol{L}$ 的特性，建立了频谱分配矩阵 $\boldsymbol{A}$ 和抗体编码之间的映射，减小了搜索空间[15, 18]。

（2）克隆采用自适应克隆，适应度高且浓度小的抗体克隆规模较大，相比基本克隆算法[17]，本算法保证了抗体的多样性，有效避免了未成熟收敛。并且，在计算抗体

浓度时，本书定义了一种简单的基于汉明距离的抗体相似度度量方法，与信息熵计算方法[18]相比，避免了冗余信息的重复计算，减少了计算量。

（3）记忆单元的使用，有利于算法快速收敛。

6.3.3　算法收敛性证明

设抗体种群空间为 $I^s = \{\boldsymbol{P} : \boldsymbol{P} = [P_1, P_2, \cdots, P_s], P_g \in I, 1 \leqslant g \leqslant s\}$。$s$ 为抗体种群规模。抗体种群 $\boldsymbol{P}(g)$（第 g 代）在克隆选择算子的作用下，其种群演化过程可以表示为

$$\boldsymbol{P}(g) \xrightarrow[\text{克隆}]{T_c^C} \boldsymbol{P}'(g) \xrightarrow[\text{变异}]{T_g^C} \boldsymbol{P}''(g) \xrightarrow[\text{选择}]{T_s^C} \boldsymbol{P}(g+1)$$

对于任意初始抗体种群 $\boldsymbol{P}(0) \in I^s$，免疫克隆选择算法（ICSA）的种群演化过程用数学模型可以表达为

$$\boldsymbol{P}(g+1) = T_s^C \circ T_g^C \circ T_c^C (\boldsymbol{P}(g)) = \bigcup_{i=1}^n T_s^C (T_g^C (T_c^C (P_i(g)))) \bigcup P_i(g), \quad g = 1, 2, \cdots$$

具体描述为在编码方式确定后，ICSA 是从一个状态到另一个状态的有记忆随机游动，因此，这一过程可以用马尔可夫链描述。

定义 6.5　算法收敛性。设 B^* 表示问题的全局最优解，$\vartheta(\boldsymbol{P})$ 表示抗体种群 $\boldsymbol{P}$ 中包含的最优解个数。如果对于任意的初始状态 $\boldsymbol{P}_0$，均有

$$\lim_{g \to \infty} p\{\boldsymbol{P}(g) \bigcap B^* \neq \varnothing \mid \boldsymbol{P}(0) = \boldsymbol{P}_0\} = \lim_{g \to \infty} p\{\vartheta(\boldsymbol{P}(g)) \geqslant 1 \mid \boldsymbol{P}(0) = \boldsymbol{P}_0\} = 1$$

则称算法以概率 1 收敛到最优种群集[19-24]（注：$\boldsymbol{P}$(population)表示抗体种群，p(probability)表示概率，下面的证明中含义相同）。

定理 6.1　本书算法 ICSA 是以概率 1 收敛的。

证明　记 $p_0(g) = p\{\vartheta(\boldsymbol{P}(g)) = 0\} = p\{\boldsymbol{P}(g) \bigcap B^* \neq \varnothing\}$，由贝叶斯条件概率公式有

$$p_0(g+1) = p\{\vartheta(\boldsymbol{P}(g+1)) = 0\}$$
$$= p\{\vartheta(\boldsymbol{P}(g+1)) = 0 \mid \vartheta(\boldsymbol{P}(g)) \neq 0\} \times p\{\vartheta(\boldsymbol{P}(g)) \neq 0\}$$
$$+ p\{\vartheta(\boldsymbol{P}(g+1)) = 0 \mid \vartheta(\boldsymbol{P}(g)) = 0\} \times p\{\vartheta(\boldsymbol{P}(g)) = 0\}$$

由 $\vartheta(\boldsymbol{P})$ 的定义可知

$$p\{\vartheta(\boldsymbol{P}(g+1)) = 0 \mid \vartheta(\boldsymbol{P}(g)) \neq 0\} = 0$$

所以

$$p_0(g+1) = p\{\vartheta(\boldsymbol{P}(g+1)) = 0 \mid \vartheta(\boldsymbol{P}(g)) = 0\} \times p_0(g)$$

记

$$\xi = \min_g \{\vartheta(\boldsymbol{P}(g+1)) \geqslant 1 \mid \vartheta(\boldsymbol{P}(g)) = 0\}, \quad g = 0, 1, 2 \cdots$$

则有

$$p\{\vartheta(\boldsymbol{P}(g+1)) \geqslant 1 \mid \vartheta(\boldsymbol{P}(g)) = 0\} \geqslant \xi > 0$$

所以

$$p\{\mathcal{I}(\boldsymbol{P}(g+1)) = 0 \mid \mathcal{I}(\boldsymbol{P}(g)) = 0\}$$
$$= 1 - p\{\mathcal{I}(\boldsymbol{P}(g+1)) \neq 0 \mid \mathcal{I}(\boldsymbol{P}(g)) = 0\}$$
$$= 1 - p\{\mathcal{I}(\boldsymbol{P}(g+1)) \geqslant 1 \mid \mathcal{I}(\boldsymbol{P}(g)) = 0\}$$
$$\leqslant 1 - \xi < 1$$

因此

$$0 \leqslant p_0(g+1) \leqslant (1-\xi) \times p_0(g) \leqslant (1-\xi)^2 \times p_0(g-1) \leqslant \cdots \leqslant (1-\xi)^{g+1} \times p_0(0)$$

因为

$$\lim_{g \to \infty}(1-\xi)^{g+1} = 0, \quad 1 \geqslant p_0(0) \geqslant 0$$

所以

$$0 \leqslant \lim_{g \to \infty} p_0(g) \leqslant \lim_{g \to \infty}(1-\xi)^{g+1} p_0(0) = 0$$

故

$$\lim_{g \to \infty} p_0(g) = 0$$

因此

$$\lim_{g \to \infty} p\{\boldsymbol{P}(g) \bigcap B^* \neq \varnothing \mid \boldsymbol{P}(0) = \boldsymbol{P}_0\} = 1 - \lim_{g \to \infty} p_0(g) = 1$$

也就是

$$\lim_{g \to \infty} p\{\mathcal{I}(\boldsymbol{P}(g)) \geqslant 1 \mid \boldsymbol{P}(0) = \boldsymbol{P}_0\} = 1$$

于是定理 6.1 得证。

6.4　仿真实验与结果分析

仿真实验环境如下。在一个固定范围内随机放置一些主用户和次用户，每个主用户从可用频谱池中随机选择频谱进行通信。给定主用户的位置和频谱选择后，每个次用户调整其功率（干扰范围）$r_s(n,m)$ 避免与主用户干扰。假设干扰半径为固定值，并对 50 次随机生成的网络拓扑情况进行了分配计算。

6.4.1　实验数据的生成

实际应用中，由于认知无线网络系统进行频谱分配的时间相对于频谱环境变化的时间很短，所以假设系统为无噪声、不移动的网络结构，即在系统一次完整的频谱分配过程中，矩阵 L、B、C 保持不变。L、B、C 矩阵的生成采用文献[12]的附录 1 提供的伪代码产生：空闲矩阵 L 为随机生成的 $N \times M$ 的 0, 1 二元矩阵，并保证每 1 列最少有一个元素为 1（有一个频谱可用）；效益矩阵 B 为 $N \times M$ 的矩阵，效益的定义参考 IEEE 802.22 标准；干扰矩阵集合 C 各矩阵为随机生成的 0, 1 二元对称矩阵。同时，各矩阵元素的值必须同时满足本书 6.2.4 节定义的约束条件（详见 6.2.4 节定义 6.2 和定义 6.3）。N 取值为 1～20，M 取值为 1～30。

6.4.2　算法参数设置

经过反复实验，免疫克隆选择计算中参数的取值如下：最大进化代数 $gmax = 200$；种群规模 $s = 20$，记忆单元规模 $t = 0.3s$；克隆控制参数 $n_t = 50$，相似度阈值 $\theta = 0.2l$（l 为二进制抗体编码长度）；变异概率 $p_m = 0.1$。

6.4.3　实验结果及对比分析

算法在 Windows XP 环境下，使用 MATLAB 7.0 进行编程实现。实验结果采用 MSRM、MMR、MPF 来衡量。为了验证本章算法的性能，与目前求解此问题经典的算法颜色敏感图着色（Color Sensitive Graph Coloring，CSGC）[12]和遗传算法求解频谱分配（GA-Spectrum Allocation，GA-SA）进行了比较[15]。比较实验中使用相同的 L、B、C，并将算法运行 50 次，取平均结果。

表 6.1 和表 6.2 是 50 次实验所得到的平均效益，其中，分别为 $N = M = 5$ 和 $N = M = 20$。

表 6.1　网络效益比较（$N = M = 5$）

迭代次数	算　　法	MSRM	MMR	MPF
20	本章算法	81.68	21.98	57.23
	GA-SA	76.37	20.58	52.46
100	本章算法	89.50	23.20	58.26
	GA-SA	88.42	21.60	53.98
200	本章算法	89.50	23.20	58.26
	GA-SA	88.48	22.54	54.23
	CSGC	83.26	20.27	50.02

表 6.2　网络效益比较（$N = M = 20$）

迭代次数	算　　法	MSRM	MMR	MPF
20	本章算法	104.26	29.68	67.65
	GA-SA	100.37	27.56	52.38
100	本章算法	108.54	36.26	88.23
	GA-SA	100.82	32.68	76.34
200	本章算法	108.54	53.25	88.47
	GA-SA	106.82	42.54	78.65
	CSGC	98.74	36.23	60.12

从表 6.1 和表 6.2 中可以看出，本章算法在网络效益的三个指标上均好于 CSGC 算法和 GA-SA 算法，证明了本章算法的优越性。同时，也可以看出，随着迭代次数的增加，本章算法收敛速度大于遗传算法，说明了本章算法有较快的收敛速度。

　　为了进一步对比算法的性能，验证了在次用户固定时，随着可用频谱 M 的增加，相关算法的性能变化，这里 $N = 5$。结果如图 6.2～图 6.4 所示。

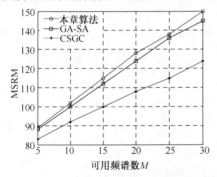

图 6.2　可用频谱对相关算法 MSRM 的影响

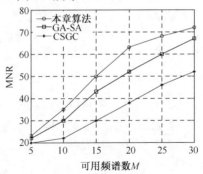

图 6.3　可用频谱对相关算法 MMR 的影响

　　从图 6.2～图 6.4 可以看出，随着可用频谱数 M 的增加，系统效益一直在递增。本章算法在效益增加方面优于已有的两种算法，进一步表明了本章算法的有效性。

　　同时，也验证了在可用频谱 $M = 20$ 已知的情况下，次用户数变化对系统效益的影响，结果如图 6.5～图 6.7 所示。实验结果表明，随着次用户数的增加，系统效益降低，但本章算法得到的效益高于相应的两种算法，验证了本章算法的优越性。

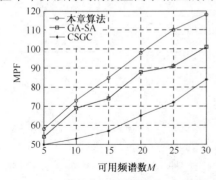

图 6.4　可用频谱对相关算法 MPF 的影响

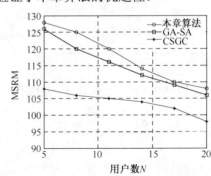

图 6.5　用户数量对相关算法 MSRM 的影响

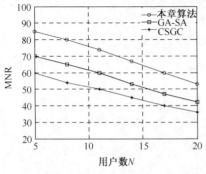

图 6.6　用户数量对相关算法 MMR 的影响

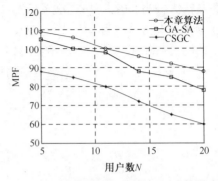

图 6.7　用户数量对相关算法 MPF 的影响

此外，理想最优分配方案可以作为性能分析所能达到的上限，因此经常被用来对比分析。表 6.3 给出了各种算法得到的网络效益与理想最优值的比较，理想最优值由穷举搜索得到[12]。由于寻求最优的分配方案是一个 NP-hard 问题，空间随着规模的增加呈指数增长，为了保证穷举搜索计算复杂度的可行性，设置 $N = M = 5$。相对误差的计算方法如下，若某次实验算法得到的网络效益最优值为 T，理想最优值为 T_{opt}，则相对误差为 $1 - T / T_{opt}$。

从表 6.3 的结果可以看出，本章算法与最优值的相对误差较小。本章算法在经过 100 次进化后，已经与最优解十分接近，进化到 200 代后，基本上可以找到最优解，说明了本章算法的有效性。

表 6.3　相关算法与最优值的比较

迭代次数	算　法	相对误差/%		
		MSRM	MMR	MPF
20	本章算法	0.056	0.582	2.650
	GA-SA	0.372 ·	3.569	3.389
100	本章算法	0.006	0.328	1.832
	GA-SA	0.058	2.682	2.342
200	本章算法	0	0	1.275
	GA-SA	0.054	2.544	3.650
	CSGC	0.622	3.238	6.124

6.4.4　基于 WRAN 的系统级仿真

系统仿真平台根据 IEEE 802.22 草案 WRAN 的参考架构并结合系统级仿真的需求分析来建立。在对服务区域建模时考虑一个无限大的区域，用户接入设备在各个小区内的位置服从均匀分布，完成小区和用户位置的初始化。具体参数取值如下：小区数目为 7，小区半径为 1km，用户基站间最小距离大于 35m，天线类型为全向天线，阴影衰落方差为 8dB，阴影衰落系数为 0.5，基站天线增益为 0dBi，用户天线增益为 –1dBi，热噪声功率谱密度为 –174dBm/Hz。

由于 WRAN 系统由基站实现集中控制，所以采用集中式的分配方案。获得各小区空闲的 TV 信道集后，由基站控制各小区内的用户实现对空闲 TV 信道的占用。这里，结合图 6.1，可用频谱矩阵为

$$L = \begin{bmatrix} 0 & 1 & 1 \\ 1 & 0 & 1 \\ 1 & 1 & 1 \\ 0 & 1 & 0 \end{bmatrix}$$

对频谱 A、B、C，干扰矩阵分别为

$$C_A = \begin{bmatrix} 1 & 0 & 0 & 0 \\ 0 & 0 & 0 & 0 \\ 0 & 0 & 0 & 0 \\ 0 & 0 & 0 & 1 \end{bmatrix}, \quad C_B = \begin{bmatrix} 0 & 0 & 0 & 0 \\ 0 & 1 & 0 & 0 \\ 0 & 0 & 0 & 0 \\ 0 & 0 & 0 & 0 \end{bmatrix}, \quad C_C = \begin{bmatrix} 0 & 1 & 0 & 0 \\ 0 & 0 & 0 & 0 \\ 0 & 0 & 0 & 0 \\ 0 & 0 & 0 & 1 \end{bmatrix}$$

效益矩阵 B 按照 IEEE 802.22 的定位为带宽速率，分为 6 个等级，从 1 到 6 分别为 3025、4537.5、6050、9075、12100、13612.5[18]，在此仿真环境下为

$$B = \begin{bmatrix} 0 & 9075 & 12100 \\ 6050 & 0 & 13612.5 \\ 4537.5 & 3025 & 6050 \\ 0 & 12100 & 0 \end{bmatrix}$$

按照本章提出的方法，最后得到的分配矩阵为

$$A = \begin{bmatrix} 0 & 1 & 0 \\ 0 & 0 & 1 \\ 1 & 0 & 0 \\ 0 & 1 & 0 \end{bmatrix}$$

结果表明，频谱 A 分配给次用户 3 使用，频谱 B 分配给次用户 1 和 4 使用，频谱 C 分配给次用户 2 使用，此时，网络效益最大。实验结果表明，此分配方法是有效的。

6.5　本 章 小 结

认知无线网络中，如何对感知到的频谱进行有效分配是实现动态频谱接入的关键技术。由于频谱分配模型可以表示为一个优化问题，本章使用免疫克隆选择算法求解该问题，提出了一种全新的频谱分配方法，并与 CSGC、GA-SA 算法进行了性能比较。仿真结果表明本章算法能更好地实现网络效益的最大化，具有较好的性能。同时，结合 WRAN 的系统级仿真对算法进行了应用实现，进一步证明了算法的有效性。

参 考 文 献

[1]　Akyildiz I F, Lee W Y, Vuran M C, et al. Next generation/dynamic spectrum access/cognitive radio wireless networks: A survey. Computer Networks Journal, 2006, 9(2): 2127-2159.

[2]　Ji Z, Liu K J R. Dynamic spectrum sharing: A game theoretical overview. IEEE Communications Magazine, 2007, 45(5): 88-94.

[3]　Niyaoto D, Hossain E. Competitive pricing for spectrum sharing in cognitive radio networks: Dynamic game, inefficiency of nash equilibrium, and collusion. IEEE Journal on Selected Areas in

Communications, 2008, 26(1): 192-202.

[4] Zou C, Jin T, Chigan C, et al. QoS-aware distributed spectrum sharing for heterogeneous wireless cognitive networks. Computer Networks, 2009, 52(4): 864-878.

[5] 王钦辉, 叶保留, 田宇, 等. 认知无线电网络中频谱分配算法. 电子学报, 2012, 40(1): 147-154.

[6] Gandhi S, Buragohain C, Cao L L , et al. A general framework for wireless spectrum auctions. IEEE Wireless Communications, 2007, 26(8): 22-33.

[7] Ji Z, Liu K J R. Multi-stage pricing game for collusion resistant dynamic spectrum allocation. IEEE Journal on Selected Areas in Communications, 2009, 26(1): 182-191.

[8] Wang F, Krunz M, Cui S. Price-based spectrum management in cognitive radio networks. IEEE Journal of Selected Topics in Signal Processing, 2009, 2(1): 74-87.

[9] Gandhi S, Buragohain C, Cao L L, et al. Towards real time dynamic spectrum auctions. Computer Networks, 2009, 52(4): 879-897.

[10] 徐友云, 高林. 基于步进拍卖的认知无线网络动态频谱分配. 中国科学技术大学学报, 2009, 39(10): 1064-1069.

[11] Wang W, Liu X. List-coloring based channel allocation for open-spectrum wireless networks. IEEE Vehicular Technology Conference, 2005: 690-694.

[12] Peng C Y, Zheng H T, Zhao B Y. Utilization and fairness in spectrum assignment for opportunistic spectrum access. Mobile Networks and Applications, 2006, 11(4): 555-576.

[13] 廖楚林, 陈劼, 唐友喜, 等. 认知无线电中的并行频谱分配算法. 电子与信息学报, 2007, 29(7): 1608-1611.

[14] Mustafa Y, Nainay E. Island Genetic Algorithm-based Cognitive Networks. NewYork: Virginia Polytechnic Institute and State University, 2009.

[15] 赵知劲, 彭振, 郑仕链, 等. 基于量子遗传算法的认知无线电频谱分配. 物理学报, 2009, 58(2): 1358-1363.

[16] Hur Y, Park J, Woo W, et al. A cognitive radio system employing a dual-stage spectrum sensing technique: A multi-resolution spectrum sensing and a temporal signature detection technique. Global Telecommunications Conference, 2006: 200-212.

[17] John B, Yoon C C, Carlos C, et al. IEEE 802.22-06/0004r1.A PHY/MAC Proposal for IEEE 802.22 WRAN Systems Part 1: The PHY. Proceedings of IEEE DySPAN, 2006.

[18] Ning H, Sungh S, Jae H C. Spectral correlation based signal detection method for spectrum sensing in IEEE 802.22 WRAN systems. Advanced Communication Technology, the 8th International Conference, 2008: 122-128.

[19] Gong M G, Jiao L C, Zhang L N, et al. Immune secondary response and clonal selection inspired optimizers. Progress in Natural Science, 2009, 19(2): 237-253.

[20] 焦李成, 公茂果, 尚荣华, 等. 多目标优化免疫算法、理论与应用. 北京: 科学出版社, 2010: 53-64.

[21] Zhao Z J, Peng Z, Zheng S L, et al. Cognitive radio spectrum allocation using evolutionary algorithms. IEEE Transactions on Wireless Communications, 2009, 8(9): 4421-4425.

[22] 柴争义, 刘芳. 基于免疫克隆选择优化的认知无线网络频谱分配. 通信学报, 2010, 31(11): 92-100.

[23] Yang D D, Jiao L C, Gong M G, et al. Artificial immune multi-objective SAR image segmentation with fused complementary feature. Information Sciences, 2011, 181(13): 2797-2812.

[24] Shang R H, Jiao L C, Liu F, et al. A novel immune clonal algorithm for MO problems. IEEE Transactions on Evolutionary Computation, 2012, 16(1): 35-50.

第7章 基于混沌量子免疫优化的频谱按需分配算法

7.1 引　言

认知无线网络中的频谱分配问题一直是研究热点。根据不同的分类技术，现有的频谱分配方法主要包括博弈论[1-5]、拍卖理论[6-10]、图着色[11-17]等。文献[5]对认知无线网络中的频谱分配算法进行了综述。由于基于图着色的解决方法具有较好的灵活性和适用性，得到了研究者的普遍关注。文献[12]给出了频谱分配的 CSGC 算法，并对频谱分配的收益和公平性进行了较详尽的分析。频谱分配模型可以看成一个优化问题，同时其最优着色算法是一个 NP-hard 问题。因此，此问题适合用智能方法求解。文献[15]和文献[16]引入进化算法，提出了 GA-SA 算法和基于量子遗传算法的频谱分配（Quantum Genetic Algorithm-Spectrum Allocation，QGA-SA）方法，文献[17]采用免疫优化算法进行求解，取得了较好的效果。

但以上的模型分析中，没有考虑不同的次用户对频谱的不同需求，可能造成对频谱需求量较小的次用户反而得到了较多的频谱资源，导致频谱的利用率降低[5]。基于此，本章将次用户对频谱的需求引入分配模型，并充分利用了混沌搜索的遍历性和量子计算的高效性，以及免疫克隆算法快速的收敛速度、较好的种群多样性和避免早熟收敛的特性，提出了一种新的基于混沌量子免疫优化的认知无线网络频谱按需分配方法，并通过仿真和对比实验，验证了本方法的优越性。

7.2　考虑次用户需求的频谱按需分配模型

7.2.1　基于图着色理论的频谱分配建模

根据认知无线网络的特点，其频谱分配必须考虑三方面的问题：①次用户（认知用户）对主用户的干扰；②次用户相互之间的干扰；③认知无线网络系统的总效益和次用户间的公平性。

在基于图着色的频谱分配模型中，将频谱分配给认知用户，相当于为图中节点着色。具体建模过程如下。

将某时刻感知到的网络结构转化为一个无向冲突图 $G = (V, S, E)$ 。$V = \{v_i \mid i = 1, 2, \cdots, n\}$ 是顶点集合，一个顶点代表认知无线网络中的一个认知用户；S 代表每个节点的颜色列表，即可用频谱；$E = \{e_{ij} \mid i, j = 1, 2, \cdots, n\}$ 是图中无向边的集合，$e_{ij} = 0$ 表示顶点 i 和 j 不相连，其代表的认知用户可以使用同一频谱；相应地，$e_{ij} = 1$ 表示顶点 i 和 j 之间有一条边相连，其代表的认知用户不能使用同一频谱，即它们相互冲突（由干扰约束决定）。因此，满足条件的有效频谱分配对应的着色条件可以描述为当两个不同顶点间存在一条颜色为 m（频谱 m）的边时，这两个顶点不能同时着 m 色，即不能同时使用频谱 $m(m \in S)$。

由此可见，基于图着色理论的认知无线网络频谱分配模型与传统频谱分配模型的不同之处在于增加了对主用户干扰的考虑，同时也考虑了用户的可用频谱的空时差异性问题。

7.2.2　考虑认知用户需求的频谱分配模型

根据以上分析，本章认知无线网络频谱分配模型可以建模为用以下矩阵表示：可用（空闲）频谱矩阵 L、效益矩阵 B 和干扰矩阵 C、无干扰分配矩阵 A、次用户需求（demand）矩阵 D。

假定共有 N 个次用户，认知无线网络感知到的可用频带数为 M，频带间相互正交。对各个矩阵进行如下定义[12]。

定义 7.1　可用频谱矩阵 L。可用频谱矩阵是指在某个空间、某个时间主用户不占用的频谱资源。由于主用户地理位置、发射功率等参数的不同，不同次用户对主用户频谱的可用性可能不同。一个频谱对次用户是否可用使用可用频谱矩阵 L 表示，记为

$$L = \{l_{n,m} \mid l_{n,m} \in \{0,1\}\}_{N \times M}$$

式中，$l_{n,m} = 1$ 表示次用户 $n(1 \leqslant n \leqslant N)$ 可以使用频谱 $m(1 \leqslant m \leqslant M)$，$l_{n,m} = 0$ 表示次用户 n 不能使用频谱 m。

定义 7.2　效益矩阵 B。不同的次用户由于所处的环境和采用的发射功率等技术有所不同，在同一个有效空闲频谱上获得的效益（如最大传输速率）可能不一样。

用户获得的效益用效益矩阵 B 表示：$B = \{b_{n,m}\}_{N \times M}$ 表示用户 $n(1 \leqslant n \leqslant N)$ 使用频谱 $m(1 \leqslant m \leqslant M)$ 后得到的效益（如最大带宽等）。

很显然，当 $l_{n,m} = 0$ 时，必有 $b_{n,m} = 0$，保证只有有效可用的频谱才有效益矩阵。

定义 7.3　干扰矩阵 C。对于某一个可用频谱，不同的次用户都可能使用该频谱，这样次用户之间可能会产生干扰。次用户之间的干扰用干扰矩阵 C 表示，即

$$C = \{c_{n,k,m} \mid c_{n,k,m} \in \{0,1\}\}_{N \times N \times M}$$

式中，$c_{n,k,m} = 1$ 表示次用户 n 和 $k(1 \leqslant n, k \leqslant N)$ 同时使用频谱 $m(1 \leqslant m \leqslant M)$ 时会产生干扰，$c_{n,k,m} = 0$ 表示次用户 n 和 k 同时使用频谱 m 时不会产生干扰。

干扰矩阵由可用频谱矩阵决定。当 $n = k$ 时，$c_{n,n,m} = 1 - l_{n,m}$。并且矩阵元素同时满足 $c_{n,k,m} \leqslant l_{n,m} \times l_{k,m}$，即只有频谱 m 同时对次用户 n 和 k 可用时，才可能产生干扰。

定义 7.4　无干扰分配矩阵 A。将可用、无干扰的频谱分配给用户，得到无干扰分配矩阵为

$$A = \{a_{n,m} \mid a_{n,m} \in \{0,1\}\}_{N \times M}$$

式中，$a_{n,m} = 1$ 表示将频带 m 分配给次用户 n，$a_{n,m} = 0$ 表示没有将频带 m 分配给次用户 n。

无干扰分配矩阵必须满足干扰矩阵 C 定义的如下无干扰约束条件：

$$a_{n,m} \times a_{k,m} = 0, \quad c_{n,k,m} = 1, \quad \forall n, k < N, m < M$$

定义 7.5　次用户需求矩阵 D。将不同的次用户对频谱的需求定义为

$$D = \{d_n \mid d_n \in \{0,1,2,\cdots\}\}_N$$

式中，$d_i (1 \le i \le n)$ 表示次用户 i 所需要的频谱数量。

定义 7.6　次用户满足度矩阵 F。满足度矩阵定义为

$$F = \left\{ f_n \mid f_n \in (0,1], f_n = \begin{cases} \dfrac{\sum\limits_{m=1}^{M} a_{n,m} + 1}{d_n + 1}, & d_n \neq 0 \\ 1, & d_n = 0 \end{cases} \right\}$$

式中，f_n 表示在当前分配情况下，次用户得到的频谱与其需求之比。f_n 越接近 1，说明对其需求满足度越高。

从上面的定义和分析可知，满足分配限制条件的分配矩阵 A 不止一个，用 $\Lambda N, M$ 表示所有满足条件的分配矩阵 A 的集合。给定某一无干扰频谱分配 A，次用户 n 因此获得的总效益用效益向量 R 表示为

$$R = \left\{ r_n = \sum_{m=1}^{M} a_{n,m} \times b_{n,m} \right\}_{N \times 1}$$

认知无线网络频谱分配的目标即最大化网络收益 $U(R)$，则频谱分配可表示为如下所示的优化问题：

$$A^* = \underset{A \in \wedge(L,C)N,M}{\arg\max} \ U(R)$$

式中，arg(·) 表示求解网络效益最大时所对应的频谱分配矩阵 A。因此，A^* 就是所求的最优无干扰频谱分配矩阵。

由于不同的应用需求需要有不同的效益函数，考虑到网络中的流量和公平性需求，$U(R)$ 的定义采用如下 3 种形式。

（1）MSR，其目标是网络系统的总效益最大，优化问题表示为

$$U_{\text{sum}} = \sum_{n=1}^{N} r_n = \sum_{n=1}^{N} \sum_{m=1}^{M} a_{n,m} \times b_{n,m}$$

为了与以下的两种效益函数有相同的尺度，本章使用平均效益代替总效益。定义 MSRM 为

$$U_{\text{mean}} = \frac{1}{N} \sum_{n=1}^{N} r_n = \frac{1}{N} \sum_{n=1}^{N} \sum_{m=1}^{M} a_{n,m} \times b_{n,m}$$

（2）MMR，其目标是最大化受限用户（瓶颈用户）的频谱利用率。优化问题表示为

$$U_{\min} = \min_{1 \leqslant n \leqslant N} r_n = \min_{1 \leqslant n \leqslant N} \left(\sum_{m=1}^{M} a_{n,m} \times b_{n,m} \right)$$

（3）MPF，其目标是考虑每个用户的公平性。

本章考虑次用户对频谱的需求，定义分配公平性为

$$U_{\text{fair}} = \frac{1}{\sum_{n=1}^{N} \frac{f_n^2}{N} - \left(\sum_{n=1}^{N} \frac{f_n}{N} \right)^2}$$

7.3　基于混沌量子免疫优化的频谱按需分配具体实现

7.3.1　算法具体实现过程

本频谱分配问题描述为在可用频谱矩阵 $\boldsymbol{L}$、效益矩阵 $\boldsymbol{B}$、干扰矩阵 $\boldsymbol{C}$、需求矩阵 $\boldsymbol{D}$ 已知的情况下，如何找到最优的频谱分配矩阵 $\boldsymbol{A}$，使得网络效益 $U(\boldsymbol{R})$ 最大。

本章设计的基于量子免疫克隆选择计算的频谱分配算法基本步骤如下（注：$\boldsymbol{Q}$ 表示量子种群，q 表示一个量子抗体；$\boldsymbol{P}$ 表示普通抗体种群，P 表示一个普通抗体）。

（1）初始化。

初始种群的产生使用以下 l 个 logistic 映射产生 l 个混沌变量：

$$x_{i+1}^j = \mu_j x_i^j (1 - x_i^j), \quad j = 1, 2, \cdots, l$$

式中，$\mu_j = 4$；l 为抗体编码的长度。令 $i = 0$，分别给定 l 个混沌变量不同的初始值，利用上式产生 l 个混沌变量 $x_1^j (j = 1, 2, \cdots, l)$，然后用这 l 个混沌变量初始化种群中第一个抗体上的量子位。令 $i = 1, 2, \cdots, s-1$，产生另外 $s-1$ 个抗体，则初始化种群 $\boldsymbol{Q}(g) = \{q_1^g, q_2^g, \cdots, q_s^g\}$，$s$ 为种群规模，g 为进化代数。

其中，第 i 个抗体为 $q_i = \begin{bmatrix} \alpha_1^g & \alpha_2^g & \cdots & \alpha_l^g \\ \beta_1^g & \beta_2^g & \cdots & \beta_l^g \end{bmatrix} (i = 1, 2, \cdots, s)$，并且满足 $|\alpha_j|^2 + |\beta_j|^2 = 1(1 < j < l)$。

在初始化种群 $\boldsymbol{Q}(g)$ 中，将 α_j^g、$\beta_j^g (1 < j < l)$ 分别初始化为 $\cos(2x_i^j \pi)$、$\sin(2x_i^j \pi)$。

每个抗体长度 $l = \sum_{n=1}^{N} \sum_{m=1}^{M} l_{n,m}$，即 l 为可用频谱矩阵 $\boldsymbol{L}$ 中元素值不为 0 的元素个数。

（2）由 $\boldsymbol{Q}(g)$ 生成 $\boldsymbol{P}(g)$。

通过观察 $Q(g)$ 的状态，生成一组普通解 $P(g) = \{P_1^g, P_2^g, \cdots, P_s^g\}$。每个 $P_i^g (1 < i < s)$ 是长度为 l 的二进制串，由概率幅 $\left|\alpha_j^g\right|^2$、$\left|\beta_j^g\right|^2$ $(j = 1, 2, \cdots, l)$ 观察得到。

在本章中，观察方法如下，随机产生一个 $[0,1]$ 的数，若它大于 $\left|\alpha_j^g\right|^2$，则取 1，否则取 0。观察生成的每个抗体 $p_i^g (1 < i < s)$ 代表了一种可能的频谱分配方案。同时，分别记录矩阵 L 中值为 1 的元素对应的 n 与 m，并将其按照先 n 递增、后 m 递增的方式保存在 L_1 中。即 $L_1 = \{(n, m) \mid l_{n,m} = 1\}$。显然，$L_1$ 中元素个数为 l。

（3）抗体表示到频谱分配方案的映射。

将种群中每个抗体 $p_i^g (1 < i < s)$ 的每一位 $j (1 \leqslant j \leqslant l)$ 映射为矩阵 A 的元素 $a_{n,m}$，其中 (n, m) 的值为 L_1 中相应的第 j 个元素 $j (1 \leqslant j \leqslant l)$。此时，所对应的分配矩阵 A 就是一种可能的频谱分配方案。

（4）干扰约束的处理。

对分配矩阵 A 进行修正，要求必须满足干扰矩阵 C，具体实现过程如下，对任意 m，如果 $c_{n,k,m} = 1$，则检查矩阵 A 中第 m 列的第 n 行和第 k 行元素值是否都为 1。若是，则随机将其中一个位设置为 0，另一位保持不变[15]。此时得到的分配矩阵 A 则为经过约束处理的可行解；同时，对相应的抗体表示进行映射，更新 $P(g)$。

（5）对 $P(g)$ 进行亲和度函数评价，保持最优解。

由于频谱分配所要实现的目标是最大化网络效益 $U(R)$，所以本章直接将 $U(R)$ 作为亲和度函数。对 $P(g)$ 中的 s 个抗体进行亲和度计算，结果按从大到小的顺序降序排序。将亲和度最大的抗体放入矩阵 $B(g)$，其所对应的分配矩阵 A 就是所求的最优频谱分配方案。

（6）终止条件判断。

如果达到最大进化次数 gmax，算法终止，将 $B(g)$ 中保存的亲和度最高的抗体映射为 A 的形式，即得到了最佳的频谱分配；否则转到第（7）步。

（7）克隆变异。

本章从含有 s 个抗体的种群中，选取亲和度高的前 t 个抗体进行克隆。对克隆操作 T_c^C 定义为

$$P'(g) = T_c^C(P(g)) = [T_c^C(P_1^g), T_c^C(P_2^g), \cdots, T_c^C(P_t^g)]^{\mathrm{T}}$$

具体克隆方法如下，设选出的 t 个抗体按亲和度降序排序为 $P_1^g, P_2^g, \cdots, P_t^g$，则对第 k 个抗体 $P_k^g (1 \leqslant k \leqslant t)$ 克隆产生的抗体数目为 $N_k = \text{Int}(\eta s / k)$，其中 $\text{Int}(\cdot)$ 表示向上取整，η 是控制参数。

为了保持群体规模 s 稳定，当 $\sum_{i=1}^{t} N_i < s$ 时，随机（参考第（1）步）产生 $s - \sum_{i=1}^{t} N_i$ 个新的抗体进行补充；否则取前 s 个抗体组成新的抗体种群。

　　克隆的具体过程由量子旋转门改变抗体量子位的相位来实现。转角的确定方法如下[18, 19]

$$\Delta \theta_j^k = \lambda_k x_{i+1}^j$$

式中，λ_k 为克隆幅值。为了使遍历范围呈现双向性，混沌变量 x_{i+1}^j 的计算公式为

$$x_{i+1}^j = 8x_i^j(1 - x_i^j) - 1$$

　　此时，$\Delta \theta_j^k$ 的遍历范围为 $[-\lambda_k, \lambda_k]$。对于需要克隆的母体，亲和力越高，扩增时所叠加的混沌扰动越小。因此，λ_k 可选为 $\lambda_k = \lambda_0 \exp((k-t)/t)$。其中，$\lambda_0$ 为控制参数，用来控制对抗体所附加的混沌扰动的大小。

　　设第 k 个克隆母体为

$$q_k = \begin{vmatrix} \cos(\theta_1^k) & \cos(\theta_2^k) & \cdots & \cos(\theta_l^k) \\ \sin(\theta_1^k) & \sin(\theta_2^k) & \cdots & \sin(\theta_l^k) \end{vmatrix}$$

应用量子旋转门克隆后的抗体为

$$p_{k\delta} = \begin{vmatrix} \cos(\theta_1^k + \Delta \theta_{1\delta}^k) & \cdots & \cos(\theta_l^k + \Delta \theta_{l\delta}^k) \\ \sin(\theta_1^k + \Delta \theta_{1\delta}^k) & \cdots & \sin(\theta_l^k + \Delta \theta_{l\delta}^k) \end{vmatrix}$$

式中，$\delta = 1, 2, \cdots, N_k$。

　　从克隆的过程可以看出，选出的具有较高亲和力的优良抗体本身具有优化路标的作用。在小区域中引入混沌变量增强了局部优化的遍历性。此外，量子旋转门转角的方向不需要与当前最优抗体比较，有利于提高种群的多样性和优化效率。

　　对克隆后的抗体实施观察，计算每个抗体的亲和力。通过量子旋转门对抗体量子位的相位实施混沌扰动，对亲和力最低的 $v(v < s)$ 个抗体进行变异操作。

　　将 v 个亲和力最低的抗体按升序排列，第 k 个抗体的变异幅值为

$$\lambda_k' = \lambda_0' \exp((v-k)/v)$$

式中，λ_k' 表示量子旋转门的转角范围；λ_0' 为控制参数，此时转角的遍历范围为 $[-\lambda_k', \lambda_k']$。通常，取 $\lambda_0' = 6\lambda_0$。可见，抗体量子位的幅角遍历范围较大。因此，使用抗体的变异操作提高了算法的全局搜索能力。这种变异方法克服了传统的量子非门变异旋转大小固定、方向单一、缺乏遍历性的缺陷。

　　（8）进化代数 $g = g + 1$；转到第（2）步。

7.3.2　算法特点和优势分析

　　（1）抗体编码长度较短，减少了搜索空间。为了求得分配矩阵 A，传统的做法是将 A 中所有元素均采用一位二进制编码表示，这样将使抗体编码中包含大量冗余。原因在于由于 A 需要满足可用频谱矩阵 L 的约束限制，L 中值为 0 的元素相对应的分配

矩阵 A 中的元素值也必定为 0。所以本章仅对与 L 中值为 1 的元素位置对应的 A 中的元素进行编码，所以抗体长度为 L 中值为 1 的元素个数。同时，利用可用频谱矩阵 L 的特性，建立了频谱分配矩阵 A 和抗体编码之间的映射，减小了搜索空间[15, 16]。

（2）抗体采用量子编码的形式，一个抗体上带有多个状态信息，带来丰富的种群；采用随机观察的方式由量子抗体产生新的个体，能较好地保持群体的多样性，有效克服早熟收敛；并且量子具有较好的并行性，抗体群体规模较小。

（3）克隆算子使得当前最优个体的信息能够很容易地扩大到下一代来引导变异，具有高效的局部寻优能力，使得种群以大概率向着优良模式进化，加快了收敛速度。因此，算法将全局搜索和局部寻优进行了有机的结合。

（4）算法充分利用了混沌搜索的遍历性和量子计算的高效性。在量子旋转门中使用了两种不同幅值的混沌变量改变转角的大小。小幅值混沌变量用于优良抗体的克隆扩增，实现局部搜索；大幅值混沌变量用于较差个体的变异，实现全局搜索。对于转角方向的确定，避免了传统的基于查询表的方式[19, 20]，提高了算法收益。

7.3.3　算法收敛性分析

定理 7.1　混沌量子克隆算法（Chaos Quantum Clonal Algorithm，CQCA）的种群序列 $\{P_g, g \geqslant 0\}$ 是有限齐次马尔可夫链。

证明　由于 CQCA 采用量子比特抗体，抗体的取值是离散的 0 和 1。本章中抗体的长度为 l，种群规模为 s，种群所在的状态空间大小为 $s \times 2^l$。因而，种群是有限的，而算法中采用的克隆算子都与 g 无关[20]。因此，P_{g+1} 只与 P_g 有关，即 $\{P_g, g \geqslant 0\}$ 是有限齐次马尔可夫链，定理 7.1 得证。

设 $P(g) = \{P_1, P_2, \cdots, P_s\}$，$g$ 表示进化代数，$P(g)$ 表示在第 g 代时的一个种群，P_i 表示第 i 个个体。设 f 是 $P(g)$ 的亲和度函数，令

$$B^* = \{P | \max(f(P)) = f^*\}, \quad P \in P(g)$$

称 B^* 为最优解集，其中 f^* 为全局最优值，则有如下定义。

定义 7.7　设 $f_g = \max\{f(P_i) : i = 1, 2, \cdots, s\}$ 是一个随机变量序列，该变量代表在时间步 g 状态中的最高亲和度。当且仅当

$$\lim_{g \to \infty} p\{f_g = f^*\} = 1$$

则称算法收敛。也就是，当算法迭代到足够多的次数后，群体中包含全局最优解的概率接近 1。

定理 7.2　本章 CQCA 以概率 1 收敛。

证明　本算法的状态转移由马尔可夫链来描述。将规模为 s 的群体认为是状态空间 U 中的某个点，用 $u_i \in U$ 表示 u_i 是 U 中的第 i 个状态。相应地，本算法的 $u_i = \{P_1, P_2, \cdots, P_s\}$（注：$P$ 表示抗体种群，P 表示一个抗体，p 表示概率）。

显然，P_g^i 表示第 g 代种群 P_g 处于状态 u_i，其中随机过程 $\{P_g\}$ 的转移概率为 $p_{ij}(g)$，则 $p_{ij}(g) = p\{P_{g+1}^j / P_g^i\}$。

由于本算法中保留最优个体进行克隆选择，所以，对任意的 $g \geqslant 0$，有 $f(P_{g+1}) \geqslant f(P_g)$，即种群中的任何一个个体都不会退化。设 $I = \{i \mid u_i \bigcap B^* \neq \varnothing\}$，则当 $i \in I, j \notin I$ 时，有

$$p_{ij}(g) = 0 \tag{7.1}$$

即当父代出现最优解时，最优解不论经过多少代都不会退化。

当 $i \notin I, j \in I$ 时，因为 $f(P_{g+1}^j) \geqslant f(P_g^i)$，所以

$$p_{ij}(g) > 0 \tag{7.2}$$

设 $p_i(g)$ 为种群 P_g 处在状态 u_i 的概率，$p_{(g)} = \sum_{i \in I} p_i(g)$，则由马尔可夫链的性质，有

$$p_{(g+1)} = \sum_{u_i \in U} \sum_{j \notin I} p_i(g) p_{ij}(g) = \sum_{i \in I} \sum_{j \notin I} p_i(g) p_{ij}(g) + \sum_{i \notin I} \sum_{j \notin I} p_i(g) p_{ij}(g) \tag{7.3}$$

由于

$$\sum_{i \notin I} \sum_{j \in I} p_i(g) p_{ij}(g) + \sum_{i \notin I} \sum_{j \notin I} p_i(g) p_{ij}(g) = \sum_{i \notin I} p_i(g) = p_g \tag{7.4}$$

所以

$$\sum_{i \notin I} \sum_{j \notin I} p_i(g) p_{ij}(g) = p_g - \sum_{i \notin I} \sum_{j \in I} p_i(g) p_{ij}(g) \tag{7.5}$$

把式（7.5）代入式（7.3），同时利用式（7.1）和式（7.2），可得

$$0 \leqslant p_{g+1} < \sum_{i \in I} \sum_{j \notin I} p_i(g) p_{ij}(g) + p_g = p_g$$

因此

$$\lim_{g \to \infty} p_g = 0$$

又因为

$$\lim_{g \to \infty} \{f_g = f^*\} = 1 - \lim_{g \to \infty} \sum_{i \notin I} p_i(g) = 1 - \lim_{g \to \infty} p_g$$

所以

$$\lim_{g \to \infty} \{f_g = f^*\} = 1$$

定理 7.2 得证。

7.4　仿真实验与结果分析

算法在 Windows 环境下，使用 MATLAB 7.0 进行编程实现。实验结果采用 MSRM、MMR、MPF 来衡量。为了验证本算法，即 CQCA-SA（Chaos Quantum Clonal Algorithm-Spectrum Allocation）的性能，与目前求解此问题经典的 CSGC 算法、GA-SA 算法、

QGA-SA 算法进行了比较。比较实验中使用相同的 L、B、C，并将算法运行 50 次，取平均结果。

7.4.1　实验数据的生成

实际应用中，由于认知无线网络系统进行频谱分配的时间相对于频谱环境变化的时间很短，所以假设系统为无噪声、不移动的网络结构，即在系统一次完整的频谱分配过程中，矩阵 L、B、C、D 保持不变。L、B、C 矩阵的生成采用文献[12]的附录 1 提供的伪代码产生：空闲矩阵 L 为随机生成的 $N \times M$ 的 0，1 二元矩阵，并保证每 1 列最少有一个元素为 1（有一个频谱可用）；收益矩阵 B 为 $N \times M$ 的随机矩阵，干扰矩阵集合 C 各矩阵为随机生成的 0，1 二元对称矩阵。每个次用户需求矩阵 D 的值随机生成，并不大于总信道数量。同时，各矩阵元素的值必须同时满足 7.2.2 节定义的约束条件（详见 7.2.2 节定义 7.2、定义 7.3）。N 取值为 1~20，M 取值为 1~30。更详细的介绍请参考文献[12]。

7.4.2　相关算法参数的设置

为了便于比较，算法参数设置与文献[15]保持一致。三种算法中，种群规模均设置为 $s = 20$，最大进化代数均为 gmax = 200。其中 GA-SA 中，交叉概率为 0.8，变异概率为 0.01，每一代种群更新比例为 85%；QGA-SA 中，量子门旋转角度从 0.1π 到 0.005π 按进化代数线性递减；本算法（CQCA-SA）中，其他参数的取值如下：$t = 0.3s$，克隆控制参数 $\eta = 0.3$，$v = 0.2s$，$\lambda_0 = 2$。

7.4.3　实验结果及对比分析

表 7.1 和表 7.2 是 50 次实验所得到的平均效益。表 7.1 中，$M = N = 5$；表 7.2 中，$M = N = 20$。

表 7.1　网络效益比较（$M = N = 5$）

进化次数	算　法	MSRM	MMR	MPF
20	CQCA-SA	82.60	22.60	57.38
	QGA-SA	81.05	21.23	55.67
	GA-SA	76.37	20.58	52.46
100	CQCA-SA	89.88	23.28	58.86
	QGA-SA	89.30	22.70	56.75
	GA-SA	88.42	21.60	53.98
200	CQCA-SA	89.88	23.28	58.86
	QGA-SA	89.30	22.70	56.74
	GA-SA	88.48	22.54	54.23
	CSGC	83.26	20.27	50.02

表 7.2　网络效益比较（$M = N = 20$）

进化次数	算法	MSRM	MMR	MPF
20	CQCA-SA	104.86	29.98	62.68
	QGA-SA	103.86	28.98	65.48
	GA-SA	100.37	27.56	52.38
100	CQCA-SA	108.74	36.38	83.63
	QGA-SA	105.72	33.65	85.76
	GA-SA	100.82	32.68	76.34
200	CQCA-SA	108.74	36.38	88.63
	QGA-SA	105.72	33.65	85.76
	GA-SA	102.82	32.80	78.65
	CSGC	98.74	30.23	60.12

为了便于比较，将相关算法在每一代获得的平均效益显示于图 7.1～图 7.3 中。图中 $M = N = 20$。

从表 7.1、表 7.2 和图 7.1～图 7.3 中可以看出，CQCA-SA 算法在网络效益的三个指标上整体优于 CSGC 算法、GA-SA 算法和 QGA-SA 算法，仅在部分情况下比较接近。在 MPF 指标上，虽然 QGA-SA 开始结果好于 CQCA-SA，但在进化 100 次之后，效益还是低于 CQCA-SA。算法在 40 次迭代之后，其他三种算法的效益均好于 CSCG 算法。同时，也可以看出，在迭代速度上，CQCA-SA 算法在运行 60 代后趋于收敛，QGA-SA 算法在 100 代后收敛，均快于 GA-SA 算法。由于 CQCA-SA 算法采用了克隆变异等操作，在网络效益上取得了更好的效果，表明 CQCA-SA 算法寻优能力较强。综上所述，CQCA-SA 算法具有较好的表现性能。

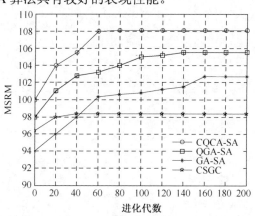

图 7.1　相关算法随进化代数变化的 MSRM

为了进一步对比算法的性能，验证了在次用户固定时，随着可用频谱的增加，相关算法的性能变化，这里 $N = 5$。实验结果表明，随着可用频谱数的增加，系统效益一直在递增，CQCA-SA 算法在效益增加方面优于已有的三种算法，进一步表明了 CQCA-SA 算法的有效性。图 7.4 所示为可用频谱对相关算法的 MMR 的影响示意图。

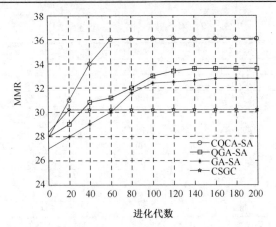

图 7.2　相关算法随进化代数变化的 MMR

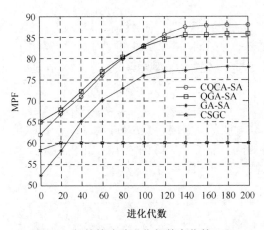

图 7.3　相关算法随进化代数变化的 MPF

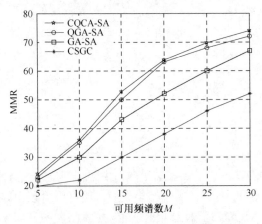

图 7.4　可用频谱对相关算法的 MMR 的影响

同时，也验证了在可用频谱 $M = 20$ 已知的情况下，次用户数变化对系统效益的影响。实验结果表明，随着次用户数的增加，系统效益降低，但 CQCA-SA 算法得到的效益高于相应的三种算法，验证了 CQCA-SA 算法的优越性。图 7.5 所示为用户数量对相关算法的 MMR 的影响示意图。

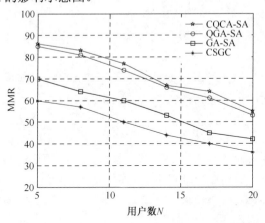

图 7.5　用户数量对相关算法的 MMR 的影响

此外，理想最优分配方案可以作为性能分析所能达到的上限，因此经常用来对比分析。表 7.3 给出了各种算法得到的网络效益与理想最优值的比较，理想最优值由穷举搜索得到。由于寻求最优的分配方案是一个 NP-hard 问题，空间随着规模的增加呈指数增长，为保证穷举搜索计算复杂度的可行性，文中设置 $M = N = 5$。相对误差的计算方法如下，若某次实验算法得到的网络效益最优值为 T，理想最优值为 T_{opt}，则相对误差为 $1 - T / T_{opt}$。

表 7.3　相关算法与最优值的比较

进化代数	算 法	相对误差/%		
		MSRM	MMR	MPF
20	CQCA-SA	0	0	0
	QGA-SA	0	0	0.237
	GA-SA	0.056	3.569	3.389
100	CQCA-SA	0	0	0
	QGA-SA	0	0	0.012
	GA-SA	0.028	2.682	2.342
200	CQCA-SA	0	0	0
	QGA-SA	0	0	0.001
	GA-SA	0	2.544	3.650
	CSGC	0.622	3.238	6.124

从表 7.3 的结果可以看出，CQCA-SA 算法在 20 次迭代之后，在三个衡量指标上

均可以找到最优解。QGA-SA 算法性能在 20 次迭代之后，在 MSRM、MMR 指标上可以找到最优解，而在 MPF 上还略有偏差。而 GA-SA 算法在 200 次迭代之后，只有在 MSRM 指标上可以找到最优解。而所有三种方法的性能均优于 CSCG 算法。从上面的分析可以看出，CQCA-SA 算法寻优能力较强，具有一定的优越性。

7.5　本章小结

认知无线网络中，如何对感知到的频谱进行有效分配是实现动态频谱接入的关键技术。本章考虑了次用户对频谱的需求，对频谱分配模型进行了改进，并将其转换为一个优化问题，进而使用混沌量子克隆算法求解此问题。算法充分利用了混沌的遍历性、量子算法的高效性，设计的算法在量子旋转门中使用了两种不同幅值的混沌变量改变转角的大小，并且对于量子转角方向的确定，不使用传统基于查询表的方式，提高了算法的搜索效率。通过仿真实验与 CSGC、GA-SA、QGA-SA 等求解认知无线网络频谱分配的算法进行了性能比较。仿真结果表明本章算法能更好地实现网络效益的最大化，具有较好的性能。

参 考 文 献

[1]　Akyildiz I, Li W Y, Vuran M, et al. Next generation/dynamic spectrum access/cognitive radio wireless networks: A survey. Computer Networks Journal, 2006, 9(2): 2127-2159.

[2]　Ji Z, Liu K J R. Dynamic spectrum sharing: A game theoretical overview. IEEE Communications Magazine, 2007, 45(5): 88-94.

[3]　Niyato D, Hossain E. Competitive pricing for spectrum sharing in cognitive radio networks: Dynamic game, inefficiency of nash equilibrium, and collusion. IEEE Journal on Selected Areas in Communications, 2008, 26(1): 192-202.

[4]　Zou C, Jin T, Chigan C, et al. QoS-aware distributed spectrum sharing for heterogeneous wireless cognitive networks. Computer Networks, 2008, 52(4): 864-878.

[5]　王钦辉, 叶保留, 田宇, 等. 认知无线电网络中频谱分配算法. 电子学报, 2012, 40(1): 147-154.

[6]　Gandhi S, Buragohain C, Cao L L,et al. A general framework for wireless spectrum auctions. IEEE Communications Magazine, 2007, 32(8): 22-33.

[7]　Ji Z, Liu K J R. Multi-stage pricing game for collusion resistant dynamic spectrum allocation. IEEE Journal on Selected Areas in Communications, 2008, 26(1): 182-191.

[8]　Wang F, Krunz M, Cui S. Price-based spectrum management in cognitive radio networks. IEEE Journal of Selected Topics in Signal Processing, 2008, 2(1): 74-87.

[9]　Gandhi S, Buragohain C, Cao L, et al. Towards real time dynamic spectrum auctions. Computer Networks, 2008, 52(4): 879-897.

[10] 徐友云, 高林. 基于步进拍卖的认知无线网络动态频谱分配. 中国科学技术大学学报, 2009, 39(10): 1064-1069.

[11] Wang W, Liu X. List-coloring based channel allocation for open-spectrum wireless networks. IEEE Vehicular Technology Conference, 2005:690-694.

[12] Peng C Y, Zheng H T, Zhao B Y. Utilization and fairness in spectrum assignment for opportunistic spectrum access. Mobile Networks and Applications, 2006, 11(4): 555-576.

[13] 廖楚林, 陈吉力, 唐友喜, 等. 认知无线电中的并行频谱分配算法. 电子与信息学报, 2007, 29(7): 1608-1611.

[14] 郝丹丹, 邹仕洪, 程时端. 开放式频谱系统中启发式动态频谱分配算法. 软件学报, 2008, 19(3): 479-491.

[15] Zhao Z J, Peng Z, Zheng S L, et al. Cognitive radio spectrum allocation using evolutionary algorithms. IEEE Transactions on Wireless Communications, 2009, 8(9): 4421-4425.

[16] 赵知劲, 彭振, 郑仕链, 等. 基于量子遗传算法的认知无线电频谱分配. 物理学报, 2009, 58(2): 1358-1363.

[17] 柴争义, 刘芳. 基于免疫克隆选择优化的认知无线网络频谱分配. 通信学报, 2010, 31(11): 92-100.

[18] 李士勇, 李盼池. 量子计算与量子优化算法. 哈尔滨: 哈尔滨工业大学出版社, 2009.

[19] 孙杰, 郭伟, 唐伟. 认知无线多跳网中保证信干噪比的频谱分配算法. 通信学报, 2011, 60(11): 345-349.

[20] 柴争义, 刘芳, 朱思峰. 混沌量子克隆算法求解认知无线网络频谱分配问题. 物理学报, 2011, 60(6): 068803.

第8章 量子免疫算法求解基于认知引擎的
频谱决策问题

8.1 引　　言

认知无线网络是一种智能的无线网络，其智能主要来自认知引擎[1]。认知引擎的根本目的是根据信道条件的变化和用户需求智能调整无线参数，给出最佳参数配置方案，从而优化通信系统。如何利用认知引擎得到最优决策引起了研究者的普遍关注。从本质上看，认知无线网络的引擎决策是一个多目标优化问题，适合用智能方法求解，因而，不同的研究者提出了不同的解决方案[2-6]。文献[2]首次采用人工智能技术研究认知引擎，并证明了遗传算法适用于无线参数的调整；文献[3]提出了认知引擎决策的数学模型，并通过标准遗传算法求解；文献[4]采用量子遗传算法求解，取得了较好的求解效果。

基于此，本章利用免疫算法较快的收敛速度和寻优能力、混沌搜索的遍历性和量子计算的高效性，对认知引擎决策参数进行分析和调整，并通过多载波环境进行了仿真。结果表明，本章算法可以根据信道条件实时调整无线参数，实现认知引擎决策优化。

8.2 基于认知引擎的频谱决策分析与建模

认知无线网络中，认知用户可以在不影响授权用户的情况下，使用授权用户的空闲频谱，并根据频谱环境的变化自适应地调整传输参数（如传输功率、调制方式等）以提高空闲频谱的使用性能（如更大化传输速率、更小化传输功率等），从而达到最佳工作状态[7]。由此可见，认知引擎决策需要动态地满足多个目标，如必须适应具体的信道传输条件；必须满足用户的应用需求；必须遵守特定频段的频谱特性等，因此，其是一个动态多目标优化问题。本章根据多载波频谱环境、用户需求和频谱限制定义给出以下 3 个认知引擎的优化目标函数并进行归一化[2-6]。

（1）最小化传输功率为

$$f_{\text{min-power}} = 1 - \frac{p_i}{NP_{\max}}$$

式中，p_i 为子载波 i 的传输功率；$P_{\max}$ 为子载波的最大传输功率；N 为子载波的数目。

（2）最小化误码率，即比特错误率（Bit Error Rate，BER）为

$$f_{\text{min-BER}} = 1 - \frac{\lg(0.5)}{\lg(p_{\text{be}})}$$

式中，p_{be} 为 N 个子信道的平均误码率。具体计算公式根据所采用的调制方式的不同而不同，具体见文献[8]。

（3）最大化数据率（吞吐量）为

$$f_{\text{max-throughput}} = \frac{\frac{1}{N}\sum_{i=1}^{N}\log_2 M_i - \log_2 M_{\min}}{\log_2 M_{\max} - \log_2 M_{\min}}$$

式中，N 为子载波的数目；M_i 为第 i 个子载波对应的调制进制数；$M_{\max}$ 为最大调制进制数；$M_{\min}$ 为最小调制进制数。

因此，本章所要优化的目标为

$$y = (f_{\text{min-power}}, f_{\text{min-BER}}, f_{\text{max-throughput}})$$

实际中，不同的链路条件、不同的用户需求导致目标函数的重要性也不尽相同。例如，邮件发送用户希望有最小的误码率；而视频用户则希望有最大化的数据速率。因此，本章使用 $w = [w_1, w_2, w_3]$ 分别表示最小化发射功率、最小化误码率和最大化数据率的权重。权值越大，偏好程度越强，并且权重满足 $w_i \geq 0 (1 \leq i \leq 3)$，且 $\sum_{i=1}^{3} w_i = 1$。

给定各个目标函数的权重之后，可将三个目标函数转化为如下单目标函数：

$$f = w_1 f_{\text{min-power}} + w_2 f_{\text{min-BER}} + w_3 f_{\text{max-throughput}} \tag{8.1}$$

从上面的分析可知，影响优化目标的主要参数为各个子载波的发射功率和调制方式。因此，本章的认知引擎决策问题即转化为通过对上述参数的合理调整，实现式（8.1）所示目标函数的最大化。

8.3 算法关键技术与具体实现

8.3.1 关键技术

（1）编码方式。由于决策引擎主要对参数进行调整，本章使用二进制对每个子载波的调制方式和发射功率进行编码。调制方式包括 BPSK、QPSK、16QAM 和 64QAM 四种，发射功率共有 64 种可能取值，范围设置为 0～25.2dBm，间隔为 0.4dBm[2-6]。假设用 c_1 表示对四种调制方式的编码，则需要两位二进制进行编码，取值为 0、1、2、3，依次对应 BPSK、QPSK、16QAM、64QAM；用 c_2 表示对发射功率的编码，由于有 64 种可能取值，所以编码位数为 6，编码与发射功率的大小依次对应。因此，抗体长度由

c_1 和 c_2 的编码串联而成，共 8 位。例如，调制方式为 16QAM，发射功率为 24.4dBm，则对应的抗体编码为 10111100。

（2）亲和度函数。免疫算法中，把问题映射为抗原，把问题的解映射为抗体，解的优劣由亲和度函数来衡量。由于本章的目的是要得到满足优化目标所需的参数配置，所以，直接将式（8.1）所示目标函数作为衡量个体性能的亲和度函数。

8.3.2　算法具体步骤

本章设计的算法基本步骤如下（注：Q 表示量子种群，q 表示一个量子抗体，P 表示普通抗体种群，p 表示一个普通抗体）。

（1）初始化。

设进化代数 g 为 0，抗体种群记为 Q，规模为 n，抗体编码长度为 l，则初始化种群

$$Q(g) = \{q_1^g, q_2^g, \cdots, q_n^g\}$$

式中，第 i 个抗体 $q_i = \begin{bmatrix} \alpha_i^1 & \alpha_i^2 & \cdots & \alpha_i^l \\ \beta_i^1 & \beta_i^2 & \cdots & \beta_i^l \end{bmatrix} (i=1,2,\cdots,n)$，并且满足 $\left|\alpha_i^j\right|^2 + \left|\beta_i^j\right|^2 = 1 (1 < j < l)$。

为了确保抗体产生的随机性并避免可能出现的冗余，遍历所有抗体空间，本章初始抗体种群的产生使用 Logistic 映射

$$x_{i+1}^j = \mu x_i^j (1 - x_i^j)$$

式中，$i=1,2,\cdots,n$；$j=1,2,\cdots,l$；$x_i^j (0 < x_i^j < 1)$ 为混沌变量；$\mu = 4$，此时系统处于完全混沌状态，其状态空间为 $(0,1)$[9]。

具体如下，分别给定混沌变量不同的初始值，利用上式产生 l 个混沌变量 x_i^j，然后用这 l 个混沌变量初始化种群中第一个抗体上的量子位，本章将 α_i^j、$\beta_i^j (1 < j < l)$ 分别初始化为 $\cos(2x_i^j \pi)$、$\sin(2x_i^j \pi)$。

（2）由 $Q(g)$ 生成 $P(g)$。

通过观察 $Q(g)$ 的状态，生成一组普通解 $p(g) = \{p_1^g, p_2^g, \cdots, p_n^g\}$。每个 $P_i^g (1 < i < n)$ 是长度为 l 的二进制串，由概率幅 $\left|\alpha_i^j\right|^2$、$\left|\beta_i^j\right|^2 (j=1,2,\cdots,l)$ 观察得到。

在本章中，观察方法如下，随机产生一个 $[0,1]$ 的数，若它大于 $\left|\alpha_i^j\right|^2$，则取 1，否则取 0。观察生成的每个抗体 $p_i^g (1 < i < n)$ 代表了一种可能的参数调整方案。

（3）亲和度函数评价。

根据式（8.1）的亲和度函数计算抗体种群的亲和度，并按亲和度大小降序对抗体进行排列，选择前 s 个最佳抗体，保存到记忆种群 $M(g)$。

（4）终止条件判断。

如果达到最大迭代次数 gmax，则算法终止，将记忆种群 $M(g)$ 中保存的亲和度最

高的抗体通过编码方式进行映射，即得到了最佳的参数调整方案（调制方式和传输功率）；否则转到第（5）步。

（5）克隆扩增 $Q(g)$ 生成 $Q'(g)$。

对记忆种群中 $M(g)$ 的 s 个抗体进行克隆。具体克隆方法如下，设 s 个抗体按亲和度降序排序为 $P_1^g, P_2^g, \cdots, P_s^g$，则对第 k 个抗体 $P_k^g(1 \leq k \leq s)$ 克隆产生的抗体数目为

$$N_k = \mathrm{Int}\left(n_c \times \frac{f(P_k^g)}{\sum\limits_{k=1}^{s} f(P_k^g)} \right)$$

式中，$\mathrm{Int}(\cdot)$ 表示向上取整；$n_c > s$ 是控制参数；$f(\cdot)$ 表示抗体的亲和度。上式表明，抗体亲和度越高，克隆产生的抗体个数越多。

（6）对 $Q'(g)$ 进行混沌量子变异，生成新种群 $Q''(g)$。

本章中，量子种群的变异通过量子旋转门改变抗体量子位的相位来实现。转角的确定方法如下，$\Delta\theta_j^k = \lambda_k x_{i+1}^j$。其中，$\lambda_k$ 为克隆幅值。混沌变量 x_{i+1}^j 计算公式为 $x_{i+1}^j = 8x_i^j(1-x_i^j)-1$，这样 $\Delta\theta_j^k$ 遍历范围呈现双向性 $[-\lambda_k, \lambda_k]$。对于需要变异的母体，亲和度越高，扩增时所叠加的混沌扰动越小。因此，λ_k 可选为 $\lambda_k = \lambda_0 \exp((k-s)/s)$，其中，$\lambda_0$ 为控制参数，表示对抗体所施加的混沌扰动的大小。

设第 k 个变异母体为

$$q_k = \begin{vmatrix} \cos(\theta_1^k) & \cos(\theta_2^k) & \cdots & \cos(\theta_l^k) \\ \sin(\theta_1^k) & \sin(\theta_2^k) & \cdots & \sin(\theta_l^k) \end{vmatrix}$$

应用量子旋转门变异后的抗体为

$$q_{k\delta} = \begin{vmatrix} \cos(\theta_1^k + \Delta\theta_{1\delta}^k) & \cdots & \cos(\theta_l^k + \Delta\theta_{l\delta}^k) \\ \sin(\theta_1^k + \Delta\theta_{1\delta}^k) & \cdots & \sin(\theta_l^k + \Delta\theta_{l\delta}^k) \end{vmatrix}$$

式中，$\delta = 1, 2, \cdots, N_k$。

（7）克隆选择压缩 $Q''(g)$，生成新个体 $Q(g)$。

为了保持群体规模 n 稳定，对变异后的量子抗体进行解变换，将抗体按照亲和度大小排序，取前 n 个抗体组成新的抗体种群 $Q(g)$。

（8）$g = g+1$；转到第（2）步。

8.3.3　算法特点和优势分析

（1）抗体采用量子编码，一个抗体上带有多个状态信息，带来了丰富的种群；采用随机观察的方式由量子抗体产生新的个体，能较好地保持群体的多样性，有效克服早熟收敛；并且量子具有较好的并行性，所需抗体群体规模较小。

（2）克隆算子使得当前最优个体的信息能够很容易地扩大到下一代来引导变异，

具有高效的局部寻优能力，加快了收敛速度。因此，算法将全局搜索和局部寻优进行了有机的结合。

（3）在量子变异中，根据亲和度的不同施加不同的混沌扰动，增强了局部优化的遍历性。对于转角方向的确定，避免了传统的基于查询表的方式[10]，克服了传统的量子非门变异旋转大小固定、方向单一、缺乏遍历性的缺陷。

8.3.4　算法收敛性分析

定理 8.1　CQCA 的种群序列 $\{X_g, g \geq 0\}$ 是有限齐次马尔可夫链。

证明　由于 CQCA 采用量子比特抗体 Q，抗体的取值是离散的 0 和 1。本章中抗体的长度为 l，种群规模为 n，种群所在的状态空间大小为 $n \times 2^l$。因而，种群是有限的，而算法中采用的克隆算子（变异、选择等）都与 g 无关[11, 12]。因此，X_{g+1} 只与 X_g 有关，即 $\{X_g, g \geq 0\}$ 是有限齐次马尔可夫链。

定理 8.1 得证。

设 $X(g) = \{x_1, x_2, \cdots, x_n\}$，$g$ 表示进化代数，$X(g)$ 表示在第 g 代时的一个种群，x_i 表示第 i 个体，设 f 是 $X(g)$ 的亲和度函数，令

$$B^* = \{x | \max(f(x)) = f^*\}, \quad x \in X(g)$$

称 B^* 为最优解集，其中 f^* 为全局最优值，则有如下定义。

设 $f_g = \max\{f(x_i) : i = 1, 2, \cdots, n\}$ 是一个随机变量序列，该变量代表在时间步 g 状态中的最高亲和度。当且仅当

$$\lim_{g \to \infty} p\{f_g = f^*\} = 1$$

则称算法收敛。也就是，当算法迭代到足够多的次数后，群体中包含全局最优解的概率接近 1。

定理 8.2　CQCA 算法以概率 1 收敛。

证明　本算法的状态转移由马尔可夫链来描述，将规模为 n 的群体认为是状态空间 U 中的某个点，用 $u_i \in U$ 表示 u_i 是 U 中的第 i 个状态。

相应地，本算法的 $u_i = \{x_1, x_2, \cdots, x_n\}$。显然，$X_g^i$ 表示在第 g 代种群 X_g 处于状态 u_i，其中随机过程 $\{X_g\}$ 的转移概率为 $p_{ij}(g)$，则 $p_{ij}(g) = p\{X_{g+1}^j / X_g^i\}$。

由于本算法保留最优个体进行克隆选择，所以对任意的 $g \geq 0$，有 $f(X_{g+1}) \geq f(X_g)$，即种群中的任何一个个体都不会退化。

设 $I = \{i | u_i \cap B^* \neq \varnothing\}$，则当 $i \in I, j \notin I$ 时，有

$$p_{ij}(g) = 0 \tag{8.2}$$

即当父代出现最优解时，最优解不论经过多少代都不会退化。

当 $i \notin I, j \in I$ 时，因为 $f(\boldsymbol{X}_{g+1}^j) \geqslant f(\boldsymbol{X}_g^i)$ ，所以

$$p_{ij}(g) > 0 \tag{8.3}$$

设 $p_i(g)$ 为种群 $\boldsymbol{X}_g$ 处在状态 u_i 的概率， $p_{(g)} = \sum_{i \in I} p_i(g)$ ，则由马尔可夫链的性质，有

$$P_{(g+1)} = \sum_{u_i \in U} \sum_{j \notin I} p_i(g) p_{ij}(g) = \sum_{i \in I} \sum_{j \notin I} p_i(g) p_{ij}(g) + \sum_{i \notin I} \sum_{j \notin I} p_i(g) p_{ij}(g) \tag{8.4}$$

由于

$$\sum_{i \notin I} \sum_{j \in I} p_i(g) p_{ij}(g) + \sum_{i \notin I} \sum_{j \notin I} p_i(g) p_{ij}(g) = \sum_{i \notin I} p_i(g) = p_g \tag{8.5}$$

所以

$$\sum_{i \notin I} \sum_{j \notin I} p_i(g) p_{ij}(g) = p_g - \sum_{i \notin I} \sum_{j \in I} p_i(g) p_{ij}(g) \tag{8.6}$$

把式（8.6）代入式（8.4），同时利用式（8.2）和式（8.3），可得

$$0 \leqslant p_{g+1} < \sum_{i \in I} \sum_{j \notin I} p_i(g) p_{ij}(g) + p_g = p_g$$

因此

$$\lim_{g \to \infty} p_g = 0$$

又因为

$$\lim_{g \to \infty} \{f_g = f^*\} = 1 - \lim_{g \to \infty} \sum_{i \in I} p_i(g) = 1 - \lim_{g \to \infty} p_g$$

所以

$$\lim_{g \to \infty} \{f_g = f^*\} = 1$$

即包含在全局最优状态中的概率收敛为 1，证毕。

定理 8.2 得证。

8.4　仿真实验及结果分析

8.4.1　仿真实验环境及参数设置

为了验证本章算法的性能，在 Windows 环境下，使用 MATLAB 7.0 对算法进行编程实现，在多载波系统中对算法性能进行了仿真分析。算法环境设置与已有算法一致[2-4]，子载波数 $N = 32$ ，每个子载波信道可独立选择不同的发射功率和调制方式；动态信道通过给每个子载波分配一个 0～1 的随机数表示该载波对应的信道衰落因子来模拟；信道类型为加性高斯白噪声（Additive White Gaussian Noise，AWGN）信道，噪声功率初始为 0.01mW（用于计算 p_{be} ）[13]；发射功率共有 64 种可能取值，范围

设置为 0～25.2dBm，间隔为 0.4dBm；可选调制方式包括 BPSK、QPSK、16QAM 和 64QAM 四种，因而，抗体编码长度 $l = 8$，总抗体编码长度为 $Nl = 256$。其他更多的调制方式只影响 BER 计算公式，并不影响模拟结果[13, 14]。

为了便于比较，与文献[4]参数设置保持一致，最大进化代数 gmax = 1000；种群规模 $n = 12$，记忆单元规模 $s = 0.3n$。文献[4]中，量子门旋转角度从 0.1π 到 0.005π。通过反复实验调整，本算法的其他参数设置如下：克隆控制系数 $n_c = 20$，混沌扰动系数 $\lambda_0 = 2$。

算法权重的设置与文献[4]相同。实验中设置四种权重模式，用来验证在不同用户需求下，算法的运行性能。模式 1 适用于低发射功率（低功耗）情况（带宽低、速率低，如文件传输）；模式 2 适用于可靠性要求高的应用（要求误码率较低），如保密通信；模式 3 适用于高数据速率要求的应用，如视频通信（宽带视频通信）；模式 4 则对各个目标函数的偏好相同。权重具体设置如表 8.1 所示。

表 8.1　权重具体设置

权重	模式 1	模式 2	模式 3	模式 4
w_1	0.80	0.15	0.05	1/3
w_2	0.15	0.80	0.15	1/3
w_3	0.05	0.05	0.80	1/3

为了避免一次实验结果的随机性，实验中，采用平均目标函数值来衡量算法结果。在四种模式下分别进行 10 次独立的实验，记录每一代中亲和度最大的目标函数值，再对 10 次实验结果取平均即得到平均目标函数值。平均目标函数值越大，说明解的质量越好且稳定。

8.4.2　仿真实验结果及分析

图 8.1 中分别给出了在模式 1～模式 4 下，随迭代代数的变化平均目标函数值的变化情况，并将本章算法 CQCA-CE（Chaos Quantum Clonal Algorithm for Cognitive Engine）与基于量子遗传算法的认知引擎实现（Quantum Genetic Algorithm-Cognitive Engine，QGA-CE）[4]进行了对比分析。

从图 8.1 中可以看出，在四种不同的模式下，CQCA-CE 算法求得的目标函数值明显优于 QGA-CE 算法，同时，CQCA-CE 算法收敛速度较快，说明算法有较好的寻优能力。CQCA-CE 算法在运行 400 代左右的时候就可以收敛，并且可以得到较高的目标函数值，而 QGA-CE 算法在 600 代左右收敛，且目标函数值较小。原因在于算法采用的免疫克隆算子、混沌扰动提高了算法的收敛速度和寻优效果。这对实时性要求较高的决策引擎具有重要意义。

表 8.2 给出了相关算法在状态稳定后达到的平均目标函数值，进一步验证了 CQCA-CE 算法的优越性。

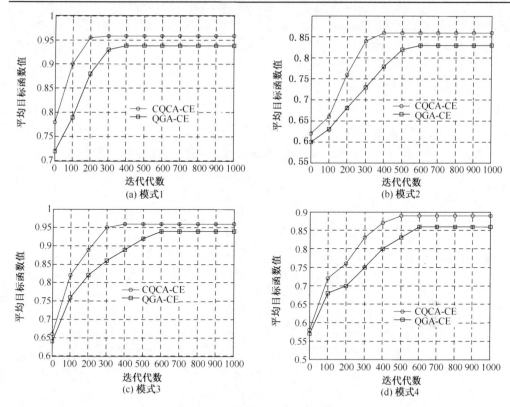

图 8.1　相关算法目标函数值对比

表 8.2　平均目标函数值

模　式	QGA-CE	CQCA-CE
模式 1	0.932	0.960
模式 2	0.820	0.846
模式 3	0.942	0.958
模式 4	0.858	0.898

图 8.2 给出了在上述参数设置下，CQCA-CE 算法的具体调整结果。其中，各个载波对应的信道衰落因子由计算机随机产生。图 8.2（a）中给出了模式 1 下的调整结果。其中发射功率平均值为 0.156dBm，明显小于其他模式，说明 CQCA-CE 算法可以很好地实现模式 1 下对最小化发射功率的偏好，同时，算法兼顾了最小化误码率和最大化数据率的要求（误码率为 0.11%，数据率为 5.25Mbit/s）。图 8.2（b）给出了模式 2 下的调整结果（调制方式基本为 BPSK）。其中，最小化误码率为 0.02%，小于模式 1、模式 3、模式 4 的误码率，说明 CQCA-CE 算法实现了模式 2 下要求误码率最小的目标要求，同时，也兼顾了发射功率较小和数据率较大的目标（发射功率为 10.23dBm，数据率为 2.026Mbit/s）。图 8.2（c）给出了模式 3 下的调整结果。其中，平均数据率为 6Mbit/s（调制方式均为

64QAM），说明 CQCA-CE 算法达到了在模式 3 下对最大化数据率的目标要求。图 8.2（d）给出了模式 4 下的调整结果（调制方式均为 64QAM）。模式 4 对各个目标的权重相同，但从结果看，算法更倾向于实现发射功率最小化和数据率最大化。这是因为误码率最小化与发射功率最小化和数据率最大化存在冲突，同时保证发射功率最小化和数据率最大化的抗体亲和度高于要求误码率最小的抗体亲和度。

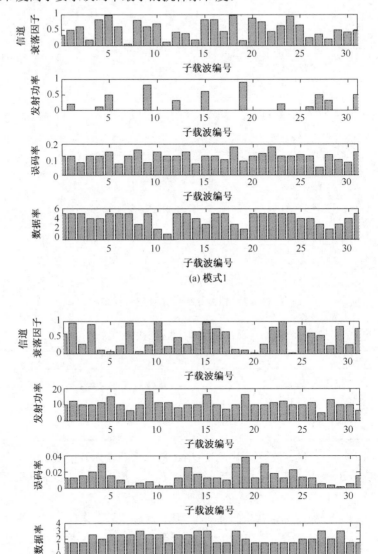

图 8.2　CQCA-CE 算法调整结果

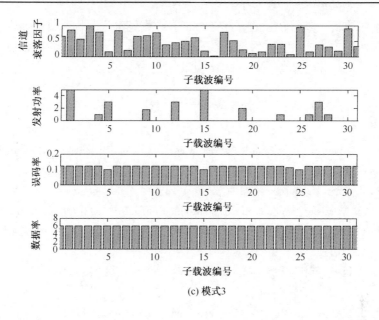

(c) 模式3

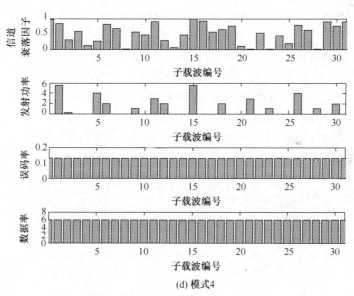

(d) 模式4

图 8.2 CQCA-CE 算法调整结果（续）

8.5 本 章 小 结

本章分析了认知无线网络认知引擎问题，将其转化为一个多目标优化问题，并通过混沌量子克隆算法求解。仿真实验表明，CQCA-CE 算法收敛速度较快，可以得到较高的目标函数值，具有较强的寻优能力，参数调整结果与优化目标偏好一致，并兼顾其他目标函数值，适合实时性要求较高的认知引擎决策。下一步将结合智能学习技术[15-20]，进一步优化认知引擎参数优化结果。

参 考 文 献

[1]　Haykin S. Cognitive radio: Brain empowered wireless communications. IEEE Journal on Selected Areas in Communications, 2008, 23(2): 201-220.

[2]　Tim R N, Brett A, Barker A M. Cognitive engine implementation for wireless multi-carrier transceivers. Wireless Communications and Mobile Computing, 2008, 7(9): 1129-1142.

[3]　赵知劲, 郑仕链, 尚俊娜. 基于量子遗传算法的认知无线电决策引擎研究. 物理学报, 2007, 56(11): 6760-6766.

[4]　赵知劲, 徐世宇, 郑仕链, 等. 基于二进制粒子群算法的认知无线电决策引擎. 物理学报, 2009, 58(7): 5118-5125.

[5]　Zhao Z J, Zheng S L, Xu C Y. Cognitive engine implementation using genetic algorithm and simulated annealing. WSEAS Transactions on Communications, 2007, 6(8): 773-777.

[6]　Yucek T, Arslan H. A survey of spectrum sensing algorithms for cognitive radio applications. IEEE Communications Surveys & Tutorials, 2009, 11(1): 116-130.

[7]　张平, 冯志勇. 认知无线网络. 北京: 人民邮电出版社, 2010.

[8]　Zu Y X, Zhou J, Zeng C C. Cognitive radio resource allocation based on coupled chaotic genetic algorithm. Chinese Physical B, 2010, 19(11): 119501-119508.

[9]　Guo M G, Jiao L C, Liu F, et al. Immune algorithm with orthogonal design based initialization, cloning, and selection for global optimization. Knowledge and Information Systems, 2010, 25(3): 523-534.

[10]　Mustafa Y, Nainay E. Island Genetic Algorithm-based Cognitive Networks. NewYork: Virginia Polytechnic Institute and State University, 2009.

[11]　Zhao N, Li S Y, Wu Z L. Cognitive radio engine design based on ant colony optimization. Wireless Personal Communications, 2011: 1-10.

[12]　柴争义, 刘芳, 朱思峰. 混沌量子克隆求解认知无线网络决策引擎. 物理学报, 2012, 61(2): 028801.

[13]　王金龙, 吴启晖, 龚玉萍, 等. 认知无线网络. 北京: 机械工业出版社, 2010.

[14]　Jiang C H, Weng R M. Cognitive engine with dynamic priority resource allocation for wireless networks. Wireless Personal Communications, 2012, 63 (1): 31-43.

[15]　He A. A survey of artificial intelligence for cognitive radio. IEEE Transactions on Vehicular Technology, 2010, 59(4): 1578-1592.

[16]　冯文江, 刘震, 秦春玲. 案例推理在认知引擎中的应用. 模式识别与人工智能, 2011, 32(3): 201-205.

[17] 李士勇, 李盼池. 量子计算与量子优化算法. 哈尔滨: 哈尔滨工业大学出版社, 2009.

[18] Shi Y, Hou Y T, Zhou H B, et al. Distributed cross-layer optimization for cognitive radio networks. IEEE Transactions on Vehicular Technology, 2010, 59(8): 4058-4069.

[19] Liu Y J, Chai L Y, Liu J M, et al. A self-learning method for cognitive engine based on CBR and simulated annealing. Advanced Materials Research, 2012, 457(2): 1586-1594.

[20] Volos H, Buehrer R, Michael I. Cognitive engine design for link adaptation: An application to multi-antenna systems. IEEE Transactions on Wireless Communications, 2010, 9(9): 2902-2913.

第 9 章　基于免疫多目标的频谱决策参数优化

9.1　引　　言

认知无线网络是一种智能的无线通信网络，其智能主要来自认知引擎[1]。认知引擎的根本目的是根据信道条件的变化和用户需求，自适应调整其内部通信参数配置，优化通信系统性能，从而适应环境和用户需求的变化。如何利用认知引擎得到最优决策引起了研究者的普遍关注[2-6]。从本质上看，认知引擎参数决策是一个多目标优化问题，适合用智能方法求解。文献[2]提出了认知引擎决策的数学模型，并通过遗传算法求解；文献[3]和文献[4]分别通过量子遗传算法和混合优化进行求解；而文献[5]和文献[6]分别使用粒子群优化和蚁群优化进行实现。这些算法[2-6]均取得了较好的求解效果，但在求解认知引擎参数决策时，均采用线性加权的方法，实际上是将多目标问题转化为单目标问题求解。由于难以确定合适的权值，并且加权法处理多目标优化问题时，每次只能得到一种权值情况下的最优解，容易漏掉一些最优解[7]，因此求解效果还有待提高。免疫优化算法具有较强的寻优能力，已经在工程领域得到了广泛应用[8, 9]。基于此，本章利用免疫算法寻优能力较强的特性，提出一种基于免疫多目标优化的认知引擎参数选择和决策方法，求出算法的 Pareto 最优解集，提高优化效果。通过多载波环境对算法进行了仿真。结果表明，本算法可以根据信道条件，给出理想的参数配置，实现认知引擎决策优化。

9.2　基于认知引擎的频谱决策问题建模

认知无线网络中，认知用户（次用户）可以在不影响授权用户（主用户）的情况下，使用授权用户的空闲频谱[10-12]，并根据信道环境和用户服务需求的变化自适应地调整传输参数（如传输功率、调制方式等）以提高空闲频谱的使用性能（如更大化传输速率、更小化传输功率等），从而达到最佳工作状态。

由此可见，认知引擎参数决策需要动态地满足多个目标，如必须适应具体的信道条件、必须满足用户的服务需求、必须遵守特定频段的频谱特性等，因此其是一个多目标优化问题。本章根据多载波频谱环境、用户需求和频谱限制定义给出以下 3 个目标函数并进行归一化[2-6]。

（1）最小化传输功率为

$$f_{\text{min-power}} = 1 - \frac{p_l}{LP_{\max}}$$

式中，p_l 为子载波 l 的传输功率（$1 < l < L$）；$P_{\max}$ 为子载波的最大传输功率；L 为子载波的数目。

（2）最小化误码率（BER）为

$$f_{\text{min-BER}} = 1 - \frac{\lg(0.5)}{\lg(p_{\text{be}})}$$

式中，p_{be} 为 L 个子信道的平均误码率。具体计算公式根据所采用的调制方式的不同而不同，具体见文献[2]。

（3）最大化数据率（吞吐量）为

$$f_{\text{max-throughput}} = \frac{\dfrac{1}{L}\sum_{l=1}^{L} \log_2 M_l - \log_2 M_{\min}}{\log_2 M_{\max} - \log_2 M_{\min}}$$

式中，L 为子载波的数目；M_l 为第 l 个子载波对应的调制进制数；$M_{\max}$ 为最大调制进制数；$M_{\min}$ 为最小调制进制数。为了与前两个目标函数表述一致，将其转换为求最小值问题

$$f'_{\text{max-throughput}} = \frac{1}{f_{\text{max-throughput}}}$$

因此，本章所要优化的目标模型为

$$\min y = (f_{\text{min-power}}, f_{\text{min-BER}}, f'_{\text{max-throughput}}) \tag{9.1}$$

从上面的优化目标来看，它们之间相互制约，如同时实现最小化传输功率和最小化 BER 对传输功率的需求就存在冲突。即对单个目标的优化往往导致其他目标性能的恶化。可见，此问题是一个多目标优化问题。本章将问题转化为调整各个子载波的发射功率和调制方式，寻求多目标优化的 Pareto 最优解集（非支配解集），进而根据用户服务需求，选择最满意解，并通知认知引擎决策进行参数调整，优化系统性能。

9.3　算法关键技术与具体实现

9.3.1　关键技术

（1）编码方式。由于决策引擎主要对参数进行调整，本章使用二进制对每个子载波的调制方式和发射功率进行编码。调制方式包括 BPSK、QPSK、16QAM 和 64QAM 四种，发射功率共有 64 种可能取值，范围设置为 0～25.2dBm，间隔为 0.4dBm[2-6]。假设用 c_1 表示对四种调制方式的编码，则需要两位二进制进行编码，取值为 0、1、2、3，依次对应 BPSK、QPSK、16QAM、64QAM；用 c_2 表示对发射功率的编码，由于有 64 种可能取值，所以编码位数为 6，编码与发射功率的大小依次对应。因此，抗体长度由 c_1 和 c_2 的编码串联而成，共 8 位。例如，调制方式为 16QAM，发射功率为 24.4dBm，则对应的抗体编码为 10111100。

（2）亲和度函数。由于本章的目的是要得到满足优化目标所需的参数配置，因此直接将式（9.1）所示的目标函数作为衡量个体性能的亲和度函数。

9.3.2 求解本问题的多目标免疫优化算法

本算法由初始化、免疫克隆、克隆变异、克隆选择、抗体群更新等操作组成，基本步骤如下。

（1）初始化。

给定抗体种群规模 N、克隆系数 q、最大迭代次数 gmax、抗体编码长度 c；初始化迭代次数 it = 0。

为了确保抗体产生的随机性并遍历所有抗体空间，本章初始抗体种群的产生使用 Logistic 映射：$x_{n+1} = \mu x_n (1 - x_n)$。其中，$n = 1, 2, \cdots, N$，$\mu = 4$（此时系统处于完全混沌状态，其状态空间为（0,1）[8, 13]）。随机产生第一个抗体 x_1（c 个具有微小差异的初值），然后按照 Logistic 映射依次生成规模为 N 的抗体种群，记为

$$A(\text{it}) = \{a_1(\text{it}), a_2(\text{it}), \cdots, a_N(\text{it})\}$$

（2）对抗体群 $A(\text{it})$ 进行克隆操作。

$$A'(\text{it}) = R_C^P(A(\text{it}))$$

本算法采用整体克隆的方式，克隆系数为 q，表示为

$$A'(\text{it}) = R_C^P(A(\text{it})) = R_C^P(a_1(\text{it}) + \cdots + R_C^P(a_N(\text{it}))$$
$$= \{a_1^1(\text{it}), a_1^2(\text{it}), \cdots, a_1^q(\text{it})\} + \cdots + \{a_N^1(\text{it}), a_N^2(\text{it}), \cdots, a_N^q(\text{it})\}$$

（3）对抗体群 $A'(\text{it})$ 进行变异。

$$A''(\text{it}) = R_m^c(A'(\text{it}))$$
$$= R_m^c(\{a_1^1(\text{it}), a_1^2(\text{it}), \cdots, a_1^q(\text{it})\} + \cdots + R_m^c\{a_N^1(\text{it}), a_N^2(\text{it}), \cdots, a_N^q(\text{it})\}$$
$$= \{a_1'^1(\text{it}), a_1'^2(\text{it}), \cdots, a_1'^q(\text{it})\} + \cdots + \{a_N'^1(\text{it}), a_N'^2(\text{it}), \cdots, a_N'^q(\text{it})\}$$

式中，$R_m^c(a_n^t(\text{it})) = a_n''^t(\text{it}) (n = 1, 2, \cdots, N, t = 1, 2, \cdots, q)$。

本算法中的变异 R_m^c 采用超变异[14]，即对某些基因位依照概率 p_m 取反。

（4）克隆选择 $A'''(\text{it}) = R_C^S(A''(\text{it}))$。

克隆选择操作选出非支配抗体，针对多目标优化解集的特点，本章设计的克隆选择操作具体如下。

① 对抗体群 $A''(\text{it})$ 中的每一个抗体，计算其对应的 m 个目标函数值（本章中 $m = 3$），得到 $N(\text{it})$ 个 m 维的矢量组成的目标值矩阵 $F(A''(\text{it}))$。

② 将抗体群 $A''(\text{it})$ 划分为两个抗体群：支配抗体群 $A_{dom}(\text{it})$（抗体个数为 $N_{dom}(\text{it})$）和非支配抗体群 $A_{non}(\text{it})$（抗体个数为 $N_{non}(\text{it})$），并且 $N_{dom}(\text{it}) + N_{non}(\text{it}) = qN(\text{it})$。

③ 选出非支配抗体，并从中随机选择若干个体（10%），以它们的复制作为初始解，进行混沌搜索，以得到更多非支配解；克隆选择后得到 $A'''(\text{it}) = A_{non}(\text{it})$，更新计算非支配抗体相应的目标函数值矩阵 $F(A'''(\text{it}))$。

个体的混沌搜索过程为

$$a_i' = b \times a_i + (1-b) \times (1-a_i) \pm v \times \text{Logisitic}(i)$$

式中，a_i 为抗体基因位；a_i' 为混沌更新后的抗体基因位；b 为抗体的影响因子，设置取值范围为 $0.1 \leqslant b \leqslant 0.4$；$v$ 为混沌收缩因子，设置取值范围为 $0.1 \leqslant v \leqslant 0.3$ [15, 16]。这样保证了更新后的抗体变量仍为[0,1]。

（5）抗体群更新操作 $A''''(\text{it}) = R_C(A'''(\text{it}))$。

对抗体群 $A'''(\text{it})$ 更新得到新的抗体群 $A''''(\text{it})$ 和新的目标函数值矩阵 $\boldsymbol{F}(A''''(\text{it}))$。

$$
\begin{aligned}
A''''(\text{it}) &= R_C(A'''(\text{it})) \\
&= R_C(\{a_1'(\text{it}), a_2'(\text{it}), \cdots, a_{N_{\text{non (it)}}}'(\text{it})\}) \\
&= \{a_1''(\text{it}), a_2''(\text{it}), \cdots, a_{N_n}''(\text{it})\}
\end{aligned}
$$

抗体群更新操作过程具体如下。

① 给出抗体种群规模 N_{non}，期望保留的抗体种群规模为 N_n；初始化 $i=1, j=1$；并且满足 $1 < i < m, 1 < j < N_{\text{non}}$；本章中，$m=3$。

② 根据第 i 个目标亲和度值将种群按升序排列：

$$[\boldsymbol{F}(A'''(\text{it}))](:,i) = [f_i(A'''(\text{it}))]$$

式中，亲和度值的计算如下，对边界解上的抗体分配一个无穷大的亲和度值，即 $k_{i1} = Nn, k_{im} = Nn$；对其他抗体，分配如下亲和度值：

$$k_{ij} = \frac{(\boldsymbol{F}(A'''(\text{it})))(j+1,i) - (\boldsymbol{F}(A'''(\text{it})))(j-1,i)}{\delta + \max(\boldsymbol{F}(A'''(\text{it}))(:,i)) - \min(\boldsymbol{F}(A'''(\text{it}))(:,i))}$$

式中，$\max(*)$、$\min(*)$ 分别表示在所有抗体的亲和度值中，第 i 个目标的最大值和最小值；δ 是一个很小的正数，主要保证任何时候分母都不为 0，而 $\boldsymbol{F}(A'''(\text{it})))(j+1,i)$ 表示抗体 $a_{j+1}'(\text{it})$ 的第 i 个目标亲和度值。

③ 如果 $i=m$，转到第④步；否则 $i=i+1$，转到第②步。

④ 如果 $j = N_{\text{non(it)}}$，转到第⑤步；否则 $j=j+1$；$i=1$，转到第②步。

⑤ 计算第 j 个抗体的亲和度值 $f(k_j) = k_{1j} + k_{2j} + \cdots + k_{mj}$，即该抗体的亲和度函数值。

⑥ 如果 $N_{\text{non}}(\text{it}) = N_n$，则停止，否则转到第⑦步。

⑦ 删除亲和度函数值最小的抗体及其对应的目标值矩阵中的值，得到新的抗体群 $A_1'''(\text{it})$ 和目标函数矩阵 $\boldsymbol{F}_1(A_1'''(\text{it}))$；令 $N_{\text{non}}(\text{it}) = N_{\text{non}}(\text{it}) - 1$，$A'''(\text{it}) = A_1'''(\text{it})$；$\boldsymbol{F}(A_1'''(\text{it})) = \boldsymbol{F}_1(A_1'''(\text{it}))$，$i=1, j=1$，转到第②步。

（6）如果 $\text{it} > \text{gmax}$，则输出抗体群 $A''''(\text{it})$ 及其目标函数矩阵 $\boldsymbol{F}(A''''(\text{it}))$；否则令 $A(\text{it}+1) = A''''(\text{it})$，$\boldsymbol{F}(A(\text{it}+1)) = \boldsymbol{F}(A''''(\text{it}))$，$\text{it} = \text{it}+1$，转到第（2）步。

9.3.3　算法特点和优势分析

（1）由于非支配抗体的优劣无法比较，所以，克隆操作采用整体克隆的方式，即对每一个非支配抗体采用相同的克隆系数。克隆实现了空间的扩张，有利于得到分布较广的 Pareto 前端。

（2）克隆选择操作。本算法中，克隆选择之前，先将抗体群中的抗体划分为支配抗体和非支配抗体，保证了只有非支配抗体才能进入下一代。

（3）混沌映射用于初始化抗体种群，增强了抗体的遍历性和多样性；在 Pareto 最优解集的附近进行混沌搜索，提高了搜索的广度，可以产生更多的非支配解，提高解集分布的均匀性。

（4）抗体群更新操作。按照上面的策略，非支配抗体的个数可能会非常多，将使得运算速度变慢。因此，本章设计了抗体群更新操作，即当克隆选择出来的非支配抗体超过一定数目 N_n 的时候，将 Pareto 前端上比较密集的地方对应的抗体删除，保证运算速度的同时，很好地保证了所得解分步的均匀性。

9.4　仿真实验及结果分析

9.4.1　实验环境及参数设置

为了验证本章算法的性能，在 Windows 环境下，使用 MATLAB-Simulink 中的 IEEE 802.11a 模型对算法进行模拟实现，在多载波系统中对算法性能进行了仿真分析[2-6, 17, 18]。算法参数设置如下：子载波数 $L = 32$，每个子载波信道可独立选择不同的发射功率和调制方式；通过给每个子载波分配一个 0～1 的随机数表示该载波对应的动态信道衰落因子；噪声功率初始为 0.01mW（用于计算 p_{be}）[6]；发射功率共有 64 种可能取值，范围设置为 0～25.2dBm，间隔为 0.4dBm（$P_{max} = 25.2$）；可选调制方式包括 BPSK、QPSK、16QAM 和 64QAM 四种（$M_{max} = 64$，$M_{min} = 2$）。其他更多的方式只影响 BER 计算公式，并不影响模拟结果[2, 6]。子载波的数目 $L = 32$，编码总长度 $c = 256$。

通过反复实验调整，免疫多目标优化算法的参数设置如下：最大进化代数 gmax = 200；种群规模 $N = 50$，克隆系数 $q = 4$，变异概率 $p_m = 0.3$，希望保留的非支配抗体种群的规模 $N_n = 50$，$\delta = 0.001$。

实验验证了在不同无线信道条件下认知引擎的工作性能。由于 IEEE 802.11a 模型使用可编程的无线信道，能够在 No Fading 信道、Flat Fading 信道、AWGN 信道等信道之间相互切换，所以在实验过程中通过手动切换信道就可以仿真无线信道的动态变化[17, 18]。用户服务类型和需求分为四种模式，模式 1 适用于低发射功率情况，如文件传输；模式 2 适用于可靠性要求高的应用（要求误码率较低），如保密通信；模式 3 适用于高数据速率要求的应用，如宽带视频通信；模式 4 则对各个目标函数的偏好相同，寻求一种平衡。由于不同服务类型对发射功率、数据率和 BER 的要求不同，所以把这些要求转换成相应的决策值，以便于算法从得到的 Pareto 最优解集中选出一个最满意解。

9.4.2　实验步骤

（1）发送端和接收端使用初始传输参数在一个无线信道上传输；感知频谱环境，包括信道条件、用户的服务需求。如果有变化，转向第（2）步。

（2）如果信道条件和类型改变，则根据式（9.1）重新计算亲和度函数，转向第（3）步；否则，从以前计算保存的结果中查找出当前信道条件对应的 Pareto 最优解集，并转向第（4）步。

（3）执行前面设计的混沌免疫多目标优化算法，求解得到一个 Pareto 最优解集。

（4）根据用户服务需求，运用层次分析法和模糊评判集成的策略[19]从 Pareto 最优解集选择一个最令人满意的解，并通知认知引擎更新其传输参数；然后转向第（1）步。

9.4.3　实验结果

运行本算法得到 Pareto 最优解集，经过解码（编码映射）得到认知引擎的参数优化结果。根据服务模式类型，选取部分有代表性的解。表 9.1 列出了在不同信道条件下用户所需的不同服务类型的最满意解。

表 9.1　不同信道条件下的最满意解

信道类型	服务类型	发射功率/dBm	数据率/（Mbit/s）	误码率/%
No Fading	模式 1	0.11	5.23	0.13
No Fading	模式 2	10.0	2.20	0.02
No Fading	模式 3	2.35	5.23	0.10
No Fading	模式 4	0.32	2.20	0.10
Flat Fading	模式 1	0.12	5.08	0.14
Flat Fading	模式 2	11.5	2.03	0.03
Flat Fading	模式 3	2.27	5.52	0.11
Flat Fading	模式 4	0.20	5.83	0.10
AWGN	模式 1	0.15	5.23	0.12
AWGN	模式 2	10.2	2.20	0.02
AWGN	模式 3	2.25	6.00	0.10
AWGN	模式 4	0.19	5.62	0.11

从表 9.1 中的结果可以看出，算法能够根据信道条件和用户服务类型的变化自适应地优化传输参数，以 AWGN 信道类型为例。

（1）首先服务类型是模式 1。算法优化结果为发射功率平均值为 0.15dBm，明显小于其他模式，说明本章算法可以很好地实现模式 1 下对最小化发射功率的偏好，同时，算法兼顾了最小化误码率和最大化数据率的要求（误码率为 0.12%，数据率为 5.23Mbit/s）。

（2）然后服务类型变为模式 2。算法优化结果为最小化误码率为 0.02%，小于其他模式的误码率，说明本章算法实现了模式 2 下要求误码率最小的目标要求（调制方式基本上为 BPSK）。同时，也兼顾了发射功率较小和数据率较大的目标（发射功率为 10.2dBm，数据率为 2.02Mbit/s）。

　　（3）接下来，服务类型变为模式 3。算法优化结果为平均数据率为 6Mbit/s（调制方式均为 64QAM），说明本章算法达到了模式 3 下对最大化数据率的目标要求。

　　（4）最后，服务类型变为模式 4。从优化结果来看，算法更倾向于实现发射功率最小化和数据率最大化。这是因为误码率最小化与发射功率最小化和数据率最大化存在冲突，同时保证发射功率最小化和数据率最大化的抗体亲和度高于要求误码率最小的抗体亲和度。

　　图 9.1 显示了本章算法在 AWGN 信道下的参数优化结果，进一步验证了算法的有效性。

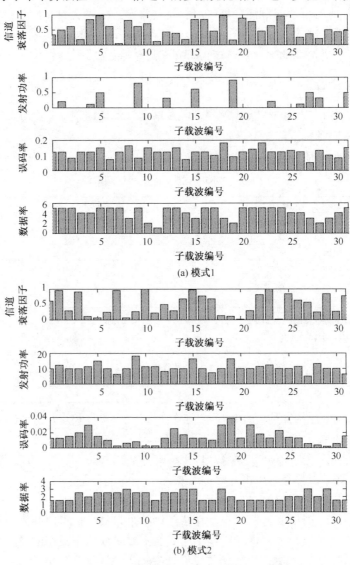

图 9.1　本章算法调整结果

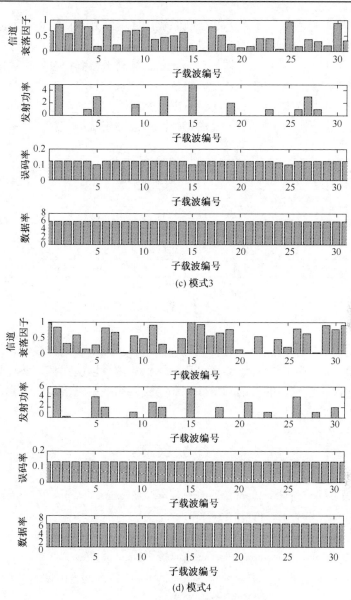

(c) 模式3

(d) 模式4

图 9.1　本章算法调整结果（续）

9.4.4　相关算法比较分析

将本章算法与求解认知引擎的最新代表性文献[6]进行比较（文献[6]比文献[2]～文献[5]有更好的性能）。在 AWGN 信道类型下，算法各运行 10 次，取平均值。对比实验采用与文献[6]相同的权重，对得到的 Pareto 解集进行选优，通过计算得到相同权重下的最优方案。结果如表 9.2 所示。

从表 9.2 中可以看出，本章算法得到的解更优。因为本章设计的混沌多目标免疫算法的各种策略，有力地保证了可以得到分布范围较广且均匀的 Pareto 解集，避免了文献[6]中对多目标加权处理可能漏掉的最优解，有利于得到符合用户决策需求的最优解。此外，算法和已有的算法[2-6]相比，算法的运行次数减少。这是因为假设信道条件相同而用户所需的服务类型不同，此时求出的 Pareto 最优解集是一样的，所以不需要重新运行算法，只需从中选出一个最满意解即可，进而减少了算法的运行次数。

表 9.2　相关算法性能比较

服务类型	发射功率/dBm		数据率/（Mbit/s）		误码率/%	
	本章算法	文献[6]	本章算法	文献[6]	本章算法	文献[6]
模式 1	0.15	0.18	5.23	5.20	0.13	0.14
模式 2	10.0	11.0	2.20	2.12	0.02	0.03
模式 3	2.35	2.60	5.23	5.18	0.10	0.12
模式 4	0.32	0.41	2.20	2.04	0.10	0.13

9.5　本章小结

本章提出了一种混沌免疫多目标优化算法求解认知引擎的参数优化问题，并在多载波仿真环境下进行实验验证。结果表明，本章算法可以根据信道条件和用户需求的变化，自适应调整子载波的发射功率和调制方式，实现引擎参数的优化，达到最佳工作状态。

参 考 文 献

[1] Haykin S. Cognitive radio: Brain empowered wireless communications. IEEE Journal on Selected Areas in Communications, 2008, 23(2): 201-220.

[2] Tim R N, Brett A B, Alexander M. Cognitive engine implementation for wireless multi-carrier transceivers. Wireless Communications and Mobile Computing, 2008, 7(9): 1129-1142.

[3] Mustafa Y, Nainay E. Island Genetic Algorithm-based Cognitive Networks. NewYork: Virginia Polytechnic Institute and State University, 2009.

[4] 赵知劲, 郑仕链, 尚俊娜. 基于量子遗传算法的认知无线电决策引擎研究. 物理学报, 2007, 56(11): 6760-6766.

[5] 赵知劲, 徐世宇, 郑仕链, 等. 基于二进制粒子群算法的认知无线电决策引擎. 物理学报, 2009, 58(7): 5118-5125.

[6] Zhao N, Li S Y, Wu Z L. Cognitive radio engine design based on ant colony optimization. Wireless Personal Communications, 2012, 65(1): 15-24.

[7] 杨咚咚, 焦李成, 公茂果, 等. 求解偏好多目标优化的克隆选择算法. 软件学报, 2010, 21(1):

14-33.

[8] Yang D D, Jiao L C, Gong M G, et al. Artificial immune multi-objective SAR image segmentation with fused complementary feature. Information Sciences, 2011, 181(13): 2797-2812.

[9] 孟宪福, 解文利. 基于免疫算法多目标约束 P2P 任务调度策略研究. 电子学报, 2011, 39(1): 101-107.

[10] 张平, 冯志勇. 认知无线网络. 北京: 人民邮电出版社, 2010.

[11] Newman T R, Evans J B. Parameter sensitivity in cognitive radio adaptation engines. The 3rd IEEE Symposium on New Frontiers in Dynamic Spectrum Access Networks, 2008, 7(9): 1-5.

[12] Rieser C J. Biologically Inspired Cognitive Radio Engine Model Utilizing Distributed Genetic Algorithm for Secure and Robust Wireless Communications and Networking. Blacksburg: Dept of Electrical Engineering in Virginia Tech, 2006.

[13] Mackenzie A B, Reed J H, Athanas P. Cognitive radio and networking research at Virginia Tech. Proceedings of the IEEE, 2009, 97(4): 660-688.

[14] 张超勇, 董星, 王晓娟, 等. 基于改进非支配排序遗传算法的多目标柔性作业车间调度. 机械工程学报, 2010, 46(11): 156-163.

[15] Zhou X, Shen J, Shen J X. New immune multi-objective optimization algorithm and its application in boiler combustion optimization. Journal of Southeast University(English Edition), 2010, 26(4): 563-568.

[16] Gong M G, Jiao L C, Zhang L N, et al. Immune secondary response and clonal selection inspired optimizers. Progress in Natural Science, 2009, 19(2): 237-253.

[17] Shang R H, Jiao L C, Liu F, et al. A novel immune clonal algorithm for MO problems. IEEE Transactions on Evolutionary Computation, 2012, 16(1): 35-50.

[18] Wu Q Y, Jiao L C, Li Y Y. A novel quantum-inspired immune clonal algorithm with the evolutionary game approach. Progress in Natural Science, 2009, 19(10): 1341-1347.

[19] Du H F, Gong M G, Liu R C. Adaptive chaos clonal evolutionary programming algorithm. Science China: Information Sciences, 2009, 19(2): 237-253.

第 10 章　基于免疫优化的认知 OFDM 系统资源分配

10.1　引　　言

认知无线网络的主要任务是发现频谱机会并进行有效利用。次用户可以在不干扰主用户工作的前提下，实现频谱资源的动态共享和自适应分配。在使用机会频谱接入时，物理传输技术非常重要。在认知无线网络环境中，频谱空洞具有不连续的特点，因此认知用户终端同样具备在不同频段应用的特点[1]。正交频分复用（Orthogonal Frequency Division Multiplexing，OFDM）是一种多载波并行的无线传输技术，是认知无线电信号生成的一种有效技术。OFDM 从频域角度出发，通过关闭相应频带的子载波来避免对主用户的干扰，有利于实现非连续频谱的有效利用，非常适合认知无线网络中的资源传输[2]。如何对认知多用户 OFDM 系统中的下行资源进行自适应分配，以提高频谱利用率，引起了国内外研究者的普遍关注。根据不同的优化准则[3]，认知 OFDM 资源分配可以分为两类：一类为速率自适应（Rate Adaptive，RA），即在一定的误码率和性能限制下，调整功率分配，最大化系统传输速率，适用于可变数据业务；另一类为余量自适应（Margin Adaptive，MA），即在一定的传输速率和误码率限制下，调整各个子载波的分配方式，最小化系统发射功率，适用于固定数据业务。针对不同的优化准则，已有不同的学者提出了不同的解决方法，如 RA 下的解决方案[4-6]、MA 下的解决方案[7-10]。

本章研究多用户 OFDM 系统的下行链路资源分配。首先研究 MA 准则下子载波的优化分配方案，然后研究 RA 准则下的功率分配方案。最后设计了一种联合子载波和功率分配的比例公平资源分配算法。

10.2　基于免疫优化的子载波资源分配

10.2.1　认知 OFDM 子载波资源分配描述

认知 OFDM 网络中，当感知模块检测到可用的空闲频谱后，将同时获取所有认知用户在可用频谱上的信道衰落特性和整个功率覆盖范围内的授权用户信息，然后实时动态地在多个认知用户中完成功率和子载波的分配。使用 OFDM 技术可以把信道划分为许多子载波。在频率选择性衰落信道中，不同的子信道受到不同的衰落而具有不同的传输能力，因此，在多用户系统中，某个用户不适用的子信道对于其他用户可能是条件很好的子信道[3, 5]。可根据信道衰落信息充分利用信道条件较好的子载波，以合理利用资源，获得更高的频谱效率。为了不干扰授权用户的正常工作，认知用户的功率分配不能超过功率上限[7, 8]。

认知无线网络中的子载波分配是一个非线性优化问题，求得最优解是 NP-hard 问题[3, 5]。传统的数学优化方法或者贪婪算法的计算复杂度和求解难度都较高。许多学者提出了不同的次优子载波分配算法，获得了与最优算法相近的性能，但复杂度大大降低了[5, 7, 10]。已经证明，生物启发的智能算法非常适合求解认知无线网络中的非线性优化问题[11, 12]。文献[10]提出了 MA 准则下基于遗传算法的子载波分配算法，取得了较好的求解效果，但并未克服遗传算法易陷入局部最优的缺点，并且没有考虑认知用户对主用户的干扰，求解效果和实用性还有待进一步优化。基于此，本节利用免疫算法高效的寻优能力，提出一种在主用户可接受的干扰下，基于免疫优化的子载波优化分配方法。仿真实验表明，本算法可以获得更小的总发射功率，并且收敛速度更快。

10.2.2　认知 OFDM 子载波资源分配模型

本节研究在系统的频谱利用达到最优的前提下，认知 OFDM 系统中下行链路的子载波分配算法。一个基站服务一个主用户和 M 个认知用户，主用户和认知用户使用相邻的频段，认知用户使用 OFDM 传输技术，共有 N 个子载波。问题就是在满足用户速率要求和误码率要求下，如何给用户分配子载波，以达到最小化系统总发射功率的优化目标。具体建模如下。

假设信道估计完成后，多用户 OFDM 系统有 M 个次用户、N 个空闲的子载波。设定每个 OFDM 符号期间用户 $m(m=1,2,\cdots,M)$ 要发射的比特数为 R_m，第 m 个用户分配到第 $n(n=1,2,\cdots,N)$ 个子载波获得的比特数为 $b_{m,n}(b_{m,n}\in[0,L])$，L 为每个子载波允许传输的最大比特数；$\lambda_{m,n}$ 表示第 m 个用户是否占用第 n 个子载波，$b_{m,n}$ 决定了每个载波每次传输的自适应调制方式，则有

$$R_m = \sum_{n=1}^{N} \lambda_{m,n} b_{m,n}, \quad 且 \sum_{m=1}^{M} \lambda_{m,n} = 1$$

第 n 个子载波对应第 m 个用户的瞬时信道增益为 $g_{m,n}^2$，$P_m(b_{m,n})$ 表示第 m 个用户在满足误码率 p_e 的情况下在第 n 个子载波上传输（可靠接收）$b_{m,n}$bit 所需的最小功率，则有[4-6]

$$P_m(b_{m,n}) = (D_0 / 3)[Q^{-1}(p_e / 4)]^2 (2^{b_{m,n}} - 1)$$

式中，D_0 表示对所有用户和子载波都相同的噪声频谱密度功率（常数）；Q 表示调制方式为自适应 QAM；p_e 表示最大误码率（BER），则所有用户所需的总的发射功率为

$$P_t = \sum_{n=1}^{N} \sum_{m=1}^{M} \frac{P_m(b_{m,n})}{g_{m,n}^2}$$

由于本节的优化目标为最小化总发射功率，所以本节的求解目标转换为

$$\min P_t = \min \sum_{n=1}^{N}\sum_{m=1}^{M}\frac{P_m(b_{m,n})}{g_{m,n}^2} \tag{10.1}$$

$$\text{s.t.} \quad R_m = \sum_{n=1}^{N}\lambda_{m,n}b_{m,n} \tag{10.1a}$$

$$\sum_{m=1}^{M}\lambda_{m,n}=1, \quad \lambda_{m,n}=\begin{cases}0, & b_{m,n}=0\\1, & b_{m,n}\neq 0\end{cases} \tag{10.1b}$$

$$p_e \leqslant p_t \tag{10.1c}$$

式中，约束条件(10.1a)表示必须满足 m 个用户所需的总速率 R_m 要求；约束条件(10.1b)表示一个子载波只能被一个用户占用；约束条件（10.1c）表示必须满足特定的误码率 p_t。同时，考虑次用户对主用户的干扰，因此，必须满足约束条件

$$\sum_{n=1}^{N}\frac{P_m(b_{m,n})}{g_{m,n}^2}\leqslant P_s \tag{10.1d}$$

式中，P_s 为用户的传输功率限制。

由此可见，此问题是一个约束优化问题。因此，在基本信道参数给定的情况下，本节问题即转换为在满足上述约束条件的前提下，求解用户对应的子载波分配方案 $b_{m,n}$（$b_{m,n}$决定了$\lambda_{m,n}$），使得总发射功率最小。

10.2.3　算法实现的关键技术

本节设计了一种基于免疫克隆优化的子载波分配方案。算法使用矩阵进行抗体编码，一个抗体就是一种可能的子载波分配方案$b_{m,n}$（候选解），然后通过比例克隆、亲和度评价、重组、变异、克隆选择对候选解进行进化，当算法满足结束条件（本节为达到最大进化代数）时，亲和度最高的抗体，就是最终的子载波分配方案。约束条件通过在算法求解过程中，对解的修正进行处理。

1）编码方式

编码将抗体表示与求解结果进行映射，是免疫算法求解问题的关键步骤。由于本节的目的是求得分配方案$b_{m,n}$，为了表示直观，采用$M\times N$的矩阵编码表示，式中矩阵的行表示用户$m(m=1,2,\cdots,M)$，列表示子载波$n(n=1,2,\cdots,N)$，即

$$\boldsymbol{B}=\begin{bmatrix}b_{1,1} & b_{1,2} & \cdots & b_{1,N-1} & b_{1,N}\\b_{2,1} & b_{2,2} & \cdots & b_{2,N-1} & b_{2,N}\\\vdots & \vdots & & \vdots & \vdots\\b_{M,1} & b_{M,2} & \cdots & b_{M,N-1} & b_{M,N}\end{bmatrix}$$

式中，$b_{m,n} \in [0, L]$。根据约束条件（10.1b）可知，一个子载波只能被一个用户占用，表现在编码矩阵中，则为矩阵的每列只能有一个非零元素。经过编码后，一个抗体代表一种子载波分配方案。

2）抗体种群初始化

免疫克隆算法必须有一个初始种群以便进化。为了确保抗体产生的随机性并遍历所有抗体空间，本节初始抗体种群的产生使用 Logistic 映射 $x_{n+1} = \mu x_n (1 - x_n)$。式中，$n = 1, 2, \cdots, N, \mu = 4$（此时系统处于完全混沌状态，其状态空间为 $(0,1)$[10]）。随机产生第一个抗体，然后按照 Logisitic 映射依次生成规模为 N 的抗体种群。

此外，本节在抗体种群的初始化过程中，考虑了约束条件和先验知识，对种群进行预处理。由于优化目标要在满足用户速率的前提下进行（约束条件（10.1a）），所以，每个用户 m 的最小子载波数应该满足 $b_m = \lfloor R_m / L \rfloor$（$\lfloor \ \rfloor$ 表示向下取整），则系统所需的最少总子载波数 $N' = \sum_{m=1}^{M} b_m$，并有 $N' < N$。具体初始化过程如下，对每个用户 m 随机分配 b_m 个载波，剩下的子载波 $N - N'$ 在用户间随机分配，并保证每列只有一个元素非零。同时，进行干扰约束条件（10.1d）的处理，满足约束条件的抗体成为候选抗体。至此，在误码率要求给定的情况下，问题转换为无约束优化问题。按照种群规模，重复进行以上过程，得到初始的抗体种群（初始候选子载波分配方案）。

3）亲和度函数

亲和度函数用来度量候选解（抗体）的好坏。由于本节的优化目标为最小化总发射功率，因此，直接将式（10.1）作为亲和度函数。亲和度函数值越小，说明抗体越优秀。

10.2.4　基于免疫优化的算法实现过程

算法具体实现过程如下。

（1）初始化。

设进化代数 t 为 0，按照上面的方法初始化种群 A，规模为 k。则初始化种群记为

$$A(t) = \{A_1(t), A_2(t), \cdots, A_k(t)\}$$

式中，每一个 $A_i(t)(1 < i < k)$ 对应于一种可能的子载波分配方案 B。同时设置记忆种群 $M(t)$，规模为 $s(s = k \cdot d\%)$，从 $A(t)$ 中随机选取部分个体组成初始种群，则

$$M(t) = \{M_1(t), M_2(t), \cdots, M_s(t)\}$$

（2）亲和度评价。

对抗体种群 $A(t)$ 进行亲和度评价（根据式（10.1）），计算每个抗体的亲和度 $f(A_i(t))$。式（10.1）值越小，表示亲和度越高。将抗体按照亲和度值升序排列，选择前 s 个抗体更新记忆种群 $M(t)$。

（3）终止条件判断。

如果达到最大进化次数 $t_{\max}$，则算法终止，将记忆种群 $M(t)$ 中保存的亲和度值最小的抗体进行映射（见编码方式），即得到了最佳的子载波分配方案；否则转到第（4）步。

（4）克隆扩增 T_c。

对这 s 个抗体进行克隆操作 T_c，形成种群 $B(t)$。克隆操作 T_c 定义为

$$B(t) = T_c(M(t)) = [T_c(M_1(t)), T_c(M_2(t)), \cdots, T_c(M_s(t))]$$

具体克隆方法如下，假设选出的 s 个抗体按亲和度值升序排序为 $M_1(t), M_2(t), \cdots,$ $M_s(t)$，则对第 i 个抗体 $M_i(t)(1 \le i \le s)$ 的 q_i 克隆产生的抗体数目为

$$q_i(t) = \mathrm{Int}\left(n_t \times \frac{f(M_i(t))}{\sum\limits_{j=1}^{s} f(M_j(t))} \right)$$

式中，$\mathrm{Int}(\cdot)$ 表示向上取整；$n_t (n_t > s)$ 表示克隆控制参数；$f(\cdot)$ 代表亲和度函数的计算。

本书按照亲和度的大小进行克隆，保证了优秀抗体有更多的机会进化到下一代。第 t 代克隆产生的抗体种群总个数为

$$Q = N(t) = \sum_{i=1}^{s} q_i(t)$$

（5）克隆重组 T_r。

克隆重组操作有利于保持抗体多样性，寻找最优解，并提高收敛速度[7]。本节引入重组算子，依照概率 p_c 对不同抗体的两列进行交叉重组，生成新的抗体 $C(t)$。

（6）克隆变异 T_m。

依据概率 p_m 对克隆后的种群 $C(t)$ 进行变异操作 T_m，得到抗体种群 $D(t)$。定义为

$$D(t) = T_m^c(C(t))$$

由于本算法采用矩阵编码，本节设计的变异方式为对某个抗体依据变异概率 p_m 选择某列上的两个元素，交换其在矩阵中的位置。这样做的优势在于变异后抗体仍是可行解，简化了求解过程。

对于变异概率，本节设计了一种自适应调整方法，即

$$p_m = p_m \times \left(1 - \frac{t}{t_{\max}} \right)$$

式中，t 表示当前进化代数；$t_{\max}$ 为最大进化代数。

变异后的种群为

$$D(t) = \{D_1(t), D_2(t), \cdots, D_Q(t)\}$$

（7）克隆选择 T_s。

$$A(t+1) = T_s(D(t) \bigcup A(t))$$

具体方法如下，计算 $D(t)$ 中的抗体亲和度，并和 $A(t)$ 一起，选择 k 个亲和度高的抗体组成下一代种群 $A(t+1)$；选择前 s 个亲和度高的抗体更新记忆种群 $M(t+1)$；$t = t+1$；转到第（3）步。

10.2.5　算法特点和优势分析

（1）设计了适合问题表示的矩阵编码方式，表示直观，易于操作。

（2）种群的初始化过程利用了相关先验知识，对约束条件进行了处理，简化了问题的求解。

（3）记忆种群的使用，有利于算法快速收敛；按亲和度的大小进行克隆，保证了优秀抗体有更多的机会进化到下一代；根据编码和问题设计的变异方式，保证了变异后的抗体仍是可行解，简化了求解过程；设计了自适应变异概率，在进化后期减小变异概率，进一步提高了收敛速度。

10.2.6　仿真实验结果

1）实验环境和参数设置

假设系统为一个基站服务一个主用户和 M 个认知用户，考虑下行链路的资源分配，系统为频率选择性衰落信道，参数设置如下。实验中，信道中单边功率谱密度 $D_0 = 1$，系统信道增益 $g_{m,n}$ 均设置为 1，物理层采用自适应 64QAM 调制方式，子载波为 $N = 32$，最大传输比特数 R_m 为 1024bit，每个用户在一个 OFDM 符号中要传输的比特数 L 至少为 20bit。为了充分验证算法的性能，误码比特率（BER）$p_e \leq p_t = 10^{-5} \sim 10^{-1}$，干扰功率 $P_s = 0.5 \sim 1.5\text{W}$，次用户数为 $M = 2 \sim 12$，实验环境为 Windows XP 系统，采用 MATLAB 编程实现。

通过反复实验，免疫克隆算法的参数设置为最大进化代数 $t_{max} = 200$；种群规模 $k = 30$，抗体编码长度等于子载波的个数（$N = 32$），记忆单元规模 $s = 0.3k$；克隆控制参数 $n_t = 20$，重组概率 $p_c = 0.01$，变异概率 $p_m = 0.2$。

2）实验结果及分析讨论

为了验证算法的性能，在相同的参数设置下，将算法运行 100 次，取平均值，并与 MA 准则下，采用遗传优化的代表性文献[10]进行对比。

由于本节算法考虑了次用户对主用户的干扰，即传输功率限制，所以，首先验证了在不同的干扰功率 P_s 下算法的运行性能。实验中，误码率 $p_e = 10^{-3}$，用户数 $M = 6$，结果如图 10.1 所示。从图中可以看出，随着主用户可接受干扰功率的增大，系统总的发射功率也在增大。这是因为随着主用户可接受干扰功率增大，允许的次用户传输功率会有所增加，所以系统总的发射功率增大，理论分析与实验结果是一致的。

图 10.2 为随着进化代数变化，两种算法得到的总发射功率对比示意图。用户数 $M = 6$，误码率 $p_e = 10^{-3}$，干扰功率 $P_s = 1.0\text{W}$。从图 10.2 中可以看出，在迭代次数相

同的情况下，本节算法所需的总传输功率明显小于文献[10]的算法，说明本节算法可以得到更优的子载波分配方案。同时，可以看出，本节算法在约 140 代开始收敛，而文献[10]的算法在约 180 代开始收敛，说明本节算法收敛较快，节约了运行时间，这主要是因为本节算法设计的各种算子有效地加快了收敛速度。因此，本节算法具有一定的优越性。

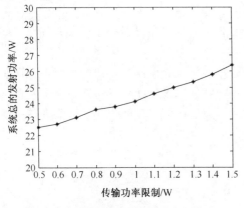

图 10.1　不同传输功率限制下本节算法
系统的总发射功率

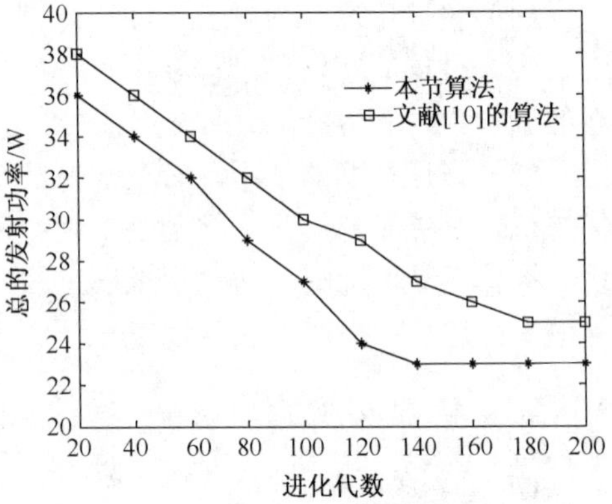

图 10.2　进化代数与发射功率的关系

图 10.3 验证了不同的用户数下，系统的总发射功率的变化情况（误码率 $p_e = 10^{-3}$，干扰功率 $P_s = 1.0\text{W}$）。

从图 10.3 中可以看出，随着用户数的增长，两种算法的总发射功率都在增加，这与理论是相符的。当用户数较少时，两种算法性能相当。随着用户的增长，本节算法性能明显优于文献[10]的算法，其主要原因在于本节算法根据问题设计了各种有效的免疫算子，增强了算法的寻优能力，在用户数增多时，表现出了较强的优越性。

图 10.4 为系统用户数 $M = 6$ 时，在不同的误码率 p_e 下（干扰功率 $P_s = 1.0\text{W}$），相关算法的误码率与信噪比曲线。

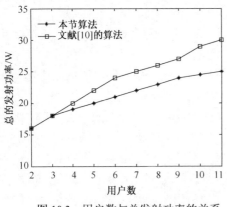

图 10.3　用户数与总发射功率的关系

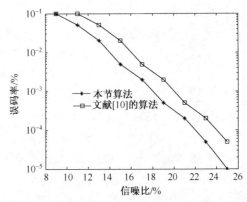

图 10.4　信噪比与误码率的关系

从图 10.4 中可以看出，在误码率相同的情况下，本节算法比文献[10]的算法所需的传输功率少大约 2dB，并且随着对误码率要求的逐渐降低，两种算法所需传输功率的差值也逐渐增大，进一步验证了算法的有效性。

10.2.7　小结

本节提出了一种基于混沌免疫优化的多用户认知 OFDM 子载波资源分配方案。算法考虑了主用户可接受的干扰功率限制。实验结果表明，本节算法减小了整个系统所需的发射功率，同时收敛速度较快，更适合认知无线网络中子载波资源分配的优化。下一步的研究工作是结合实际的认知系统，如认知 Ad-hoc 网络等，进一步完善算法。

10.3　基于免疫优化的功率资源分配

10.3.1　功率资源分配问题描述

10.2 节讨论了 MA 准则下子载波资源的分配。这里讨论 RA 准则下的功率分配问题。认知无线网络架构下实现频谱共享的前提是不能影响主用户的正常通信，在分布式的架构下每个次用户都想使用频谱资源，发射的功率就会对主用户产生干扰。对次用户进行功率控制的目的是在不干扰主用户正常通信的基础上，提供更大的系统容量，提高频谱资源的利用率。OFDM 系统可以根据用户业务和环境的需要自适应地分配子载波，并对其功率与调制方式等射频参数进行灵活的配置。

不同的研究者对此问题展开了研究。已有算法[4-6]大都采用传统的数学优化方法或者贪婪搜索算法来进行求解，计算复杂度和求解难度都较高。认知无线网络的资源分配问题实际上是一个非线性优化问题，适合用智能方法求解[13]。文献[14]提出了一种基于遗传算法的资源分配算法，并取得了较好的求解效果，但遗传算法固有的易陷入局部最优解的缺点，使得求解效果还有待进一步优化。本节将认知网络中下行链路的功率资源分配问题建模为一个约束优化问题，进而提出了一种基于免疫克隆优化的求解方法。仿真实验表明，在总发射功率、误码率和主用户可接受的干扰约束下，本节算法可以获得更大的总数据传输率。

10.3.2　功率资源分配问题的模型

假设认知无线网络中，一个基站的服务范围包括 1 个主用户和 M 个次用户，主用户和次用户使用相邻的频段；次用户使用 OFDM 传输技术。假设在一个 OFDM 符号周期内信道是慢衰落的，并且基站完全知道信道的状态信息，现共得到 N 个子载波，各子载波的带宽为 W_c，设定每个 OFDM 符号期间用户 $m(m=1,2,\cdots,M)$ 要发射的速率为 R_m，$b_{m,n}$ 表示用户 m 在第 n 个子载波上的传输速率；$p_{m,n}$ 表示用户 m 在子载波 n 上的功率；$g_{m,n}$ 为用户 m 在子载波 n 上的信道增益；N_0 表示对所有用户和子载波都相同的噪声频谱密度功率（常数），δ 表示传输的误码率，在物理层采用多进制正交幅度调制（Multiple Quadrature Amplitude Modulation，MQAM）时，$\delta = -\ln(5p_e)/1.5$ [15]，$S_{m,n}$ 表示主用户对次用户的干扰；F_n 表示在子载波 n 上，次用户对主用户的干扰因子，满足 $\sum_{m=1}^{M}\sum_{n=1}^{N}\lambda_{m,n}p_{m,n}F_n \leq I_{th}$（$I_{th}$ 为主用户可接受的最高干扰上限）。一个 OFDM 符号周期内，在子载波 n 上传输的最大速率为[14, 15]

$$b_{m,n} = \log_2\left[1 + \frac{p_{m,n}g_{m,n}^2}{\delta(N_0W_c + S_{m,n})}\right]$$

认知无线网络中，功率资源分配问题的优化目标为在授权用户干扰门限、总发射功率和误码率的限制下，最大化系统（次用户）总的传输速率，以提高频谱利用率。因此，问题可以建模为

$$\max \sum_{n=1}^{N}\sum_{m=1}^{M}b_{m,n}\lambda_{m,n} = \sum_{n=1}^{N}\sum_{m=1}^{M}\lambda_{m,n}\log_2\left[1 + \frac{p_{m,n}g_{m,n}^2}{\delta(N_0W_c + S_{m,n})}\right] \tag{10.2}$$

$$\text{s.t.} \quad \sum_{m=1}^{M}\lambda_{m,n} = 1, \quad \lambda_{m,n} = \begin{cases} 0, & b_{m,n} = 0 \\ 1, & b_{m,n} \neq 0 \end{cases} \tag{10.2a}$$

$$\sum_{n=1}^{N}\sum_{m=1}^{M}p_{m,n} \leq p_{\text{total}} \tag{10.2b}$$

$$\sum_{m=1}^{M}\sum_{n=1}^{N}\lambda_{m,n}p_{m,n}F_n \leq I_{th} \tag{10.2c}$$

$$p_e \leq p_u \tag{10.2d}$$

式中，约束条件（10.2a）表示一个子载波只能被一个用户占用，$\lambda_{m,n}$ 是子载波分配状态变量，当第 n 个子载波被用户 m 占用时，$\lambda_{m,n} = 1$，反之为 0；约束条件（10.2b）表示所有次用户发送的功率 $p_{m,n}$ 之和不能超过系统总功率的上限 p_{total}；约束条件（10.2c）表示所有次用户对主用户的干扰不能超过其可容忍的干扰上限 I_{th}；约束条件（10.2d）表示误码率必须小于最大误码率要求 p_u。

由此可见，此问题是一个约束优化问题。因此，问题即转换为在满足约束条件的前提下，求解用户对应的功率分配方案 $p_{m,n}$，使得所有次用户的总传输速率最大。

10.3.3　算法实现的关键技术

1）编码方式

由于不同的子载波的信道衰落不同，需要的发送功率也不同。本节目的是求得功率分配方案 $\boldsymbol{p}$，因此，用一个 $M \times N$ 的矩阵编码表示，式中矩阵的行表示用户 $m(m = 1, 2, \cdots, M)$，列表示载波 $n(n = 1, 2, \cdots, N)$，矩阵的每个元素 $p_{m,n}$ 表示用户 m 在第 n 个载波上获得的功率，即

$$
\boldsymbol{p} = \begin{bmatrix} p_{1,1} & p_{1,2} & \cdots & p_{1,N-1} & p_{1,N} \\ p_{2,1} & p_{2,2} & \cdots & p_{2,N-1} & p_{2,N} \\ \vdots & \vdots & & \vdots & \vdots \\ p_{M,1} & p_{M,2} & \cdots & p_{M,N-1} & p_{M,N} \end{bmatrix}
$$

式中，$p_{m,n} \in [0, p_{\text{total}}]$。根据约束条件（10.2a）可知，一个子载波只能被一个用户占用，表现在编码矩阵中，则为矩阵的每列只能有一个非零元素。因此，如果把矩阵的每一位都进行编码，则抗体的长度过长并且存在很多冗余。本节对抗体编码种群中不为 0 的位采用实数进行编码，则抗体长度为 N（N 个子载波），每一个抗体基因位为用户 m 分配的功率数。经过编码后，一个抗体代表一种功率分配方案。

2）抗体种群初始化

按照编码方式，随机产生抗体组成初始抗体种群。对产生的每个抗体，进行满足最大功率 p_{total}（约束（10.2b））和对主用户最大干扰 I_{th}（约束（10.2c））的处理，即计算 $\sum\limits_{n=1}^{N}\sum\limits_{m=1}^{M} p_{m,n}$，满足约束条件的抗体作为候选抗体。

3）亲和度函数

由于本节的优化目标为最大化总传输容量，所以，直接将上面定义的优化目标式（10.2）作为评价抗体好坏的亲和度函数。

算法基本流程图如图 10.5 所示。

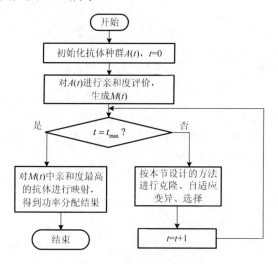

图 10.5　算法基本流程图

10.3.4　基于免疫克隆优化的算法实现过程

算法具体实现过程如下。

（1）初始化。

设进化代数 t 为 0，初始化种群 A，规模为 k；则初始化种群记为

$$A(t) = \{A_1(t), A_2(t), \cdots, A_k(t)\}$$

（2）亲和度评价。

对抗体种群 $A(t)$ 进行亲和度评价，计算每个抗体的亲和度 $f(A(t))$；根据亲和度大小，将抗体群分为记忆单元 $M(t)$ 和一般抗体种群单元 $N(t)$，即

$$A(t) = [M(t), N(t)]$$

式中，$M(t) = \{A_1(t), A_2(t), \cdots, A_s(t)\}$，并且 $s = 0.2k$。

（3）终止条件判断。

如果达到最大进化次数 $t_{\max}$，则算法终止，将记忆种群 $M(t)$ 中保存的亲和度最高的抗体进行映射，即得到了最佳的功率分配方案；否则转到第（4）步。

（4）对 $A(t)$ 克隆扩增 T_c。

对 $A(t)$ 中的抗体进行克隆操作 T_c，形成种群 $B(t)$。克隆操作 T_c 定义为

$$B(t) = T_c(A(t)) = [T_c(A_1(t)), T_c(A_2(t)), \cdots, T_c(A_k(t))]$$

具体克隆方法如下，按照亲和度大小进行比例克隆，则对第 i 个抗体 $A_i(t)(1 \le i \le k)$ 的 q_i 克隆产生的抗体数目为

$$q_i(t) = \left\lceil n_t \times \frac{f(A_i(t))}{\sum_{j=1}^{n} f(A_j(t))} \right\rceil$$

式中，$\lceil \cdot \rceil$ 表示向上取整；$n_t(n_t > s)$ 表示克隆控制参数；$f(\cdot)$ 代表亲和度函数的计算。

第 t 代克隆产生的抗体种群总个数为

$$Q = N(t) = \sum_{i=1}^{n} q_i(t)$$

（5）对 $A(t)$ 进行克隆变异 T_m。

依据概率 p_m 对克隆后的种群 $B(t)$ 进行变异操作 T_m，得到抗体种群 $C(t)$。定义为 $C(t) = T_m^c(B(t))$。本节变异设计了一种非均匀变异，重点搜索原个体附近的微小区域。

具体过程如下。

假设 $B(t)$ 中的一个个体 $B_i(t)(1 < i < Q)$，记为

$$B_i(t) = (b_i^1, b_i^2, \cdots, b_i^j, \cdots, b_i^{N-1}, b_i^N)$$

假设选中 b_i^j 进行变异，显然其取值范围为 $[0, p_{\text{total}}]$。变异后的个体记为

$$C_i(t) = (b_i^1, b_i^2, \cdots, b_i^{j'}, \cdots, b_i^{N-1}, b_i^N)$$

则

$$b_i^{j'} = \begin{cases} b_i^j + \Delta(t, p_{\text{total}} - b_i^j), & \text{rand}(2) = 0 \\ b_i^j - \Delta(t, b_i^j), & \text{rand}(2) = 1 \end{cases}$$

式中，rand(2) = 0 表示将随机均匀产生的正整数模 2 所得的结果；t 是进化代数；$\Delta(t,y)$ 的值域为 $[0,y]$，并且当 t 越大时，其取值接近 0 的概率越大，这样变异的优势在于：算法在进化初期进行大范围搜索，而在后期主要进行局部搜索，有利于算法快速收敛。式中，$\Delta(t,y)$ 的具体取值可表示为[16]

$$\Delta(t,y) = y(1 - r^{(1-t)/t_{\max})^{\theta}})$$

式中，r 为 $[0,1]$ 的一个随机数；$t_{\max}$ 为最大进化代数；θ 为一个系统参数，它决定了随机数扰动对进化代数 t 的依赖程度，起着调整局部搜索的作用，一般取值为 2～5，本节取值为 3。

变异后的种群为

$$C(k) = \{C_1(t), C_2(t), \cdots, C_Q(t)\}$$

（6）克隆选择 T_{s}。

定义为 $A(t+1) = T_{\mathrm{s}}(C(t) \bigcup A(t))$。

具体方法如下，对 $C(t)$ 中的每个抗体，进行满足最大功率 p_{total}（约束（10.2b））和对主用户最大干扰 I_{th}（约束（10.2c））处理，并计算其抗体亲和度。对于不满足上述约束条件的抗体，将其亲和度设置为所有抗体中亲和度的最小值。然后，对 $C(t)$ 和 $A(t)$ 一起，选择 k 个亲和度高的抗体组成下一代种群 $A(t+1)$；并选择前 s 个亲和度高的抗体更新记忆种群 $M(t+1)$；$t = t+1$；转到第（3）步。

10.3.5　算法特点分析

（1）设计了适合问题表示的抗体编码方式，直观并节约了存储空间。

（2）抗体按照亲和度比例进行克隆，保证了较优抗体进入下一代的概率更大。记忆种群的使用，有利于算法快速收敛。

（3）非均匀变异算子的使用，使得变异操作与进化代数相结合，减少了变异的盲目性，进一步加快了收敛速度。

10.3.6　实验结果与分析

1）实验环境和参数设置

假设系统为多径频率选择性衰落信道，各子载波的信道增益服从平均信道增益为 1 的瑞利衰落，次用户发射机到主用户接收机的信道增益 $g_{m,n}$ 为 1；次用户的误码率 p_{e}（这里设置等于最大误码率 p_{u}）设置为 $10^{-5} \sim 10^{-1}$，进而可以得到 δ 为 5dB；加性高斯白噪声的功率谱密度 $N_0 = 10^{-7}$ W/Hz，主用户对次用户的干扰 $S_{m,n} = 10^{-6}$ W，各子载波的带宽为 $W_c = 0.315$MHz；系统总发射功率 $P_{\mathrm{total}} = 1 \sim 30$W，$I_{\mathrm{th}}^n (I_{\mathrm{th}} / F_n) = 10^{-3} \sim 10^{-2}$ W，

次用户数 $M=8$ ，子载波为 $N=64$ 。实验环境为 Windows XP 系统，采用 MATLAB 编程实现。通过反复实验，免疫克隆算法的参数设置为最大进化代数 $t_{max}=200$ ；种群规模 $k=30$ ， $s=0.2k$ ，抗体编码长度等于子载波的个数（ $N=64$ ），克隆控制参数 $n_t=12$ 。为了验证算法性能，在相同的参数设置下，将算法运行 10 次，取平均值，并与文献[14]的算法进行对比。

2）算法性能分析

图 10.6 为在发射总功率（ $P_{total}=1W$ ）和误码率（ $p_e=10^{-3}$ ）受限的情况下（满足模型约束条件），两种算法得到的次用户的总传输速率。从图 10.6 中可以看出，在迭代次数相同的情况下，本节算法求得的系统总传输功率明显优于文献[14]算法，并且收敛速度较快，节约了运行时间，说明针对本问题设计的各种算子是有效的，增强了算法的寻优能力。

图 10.7 为在次用户数为 8，进化代数达到最大代数时，在不同的误码率下，系统总的传输速率示意图，相关文献对比结果如图 10.7 所示。从图 10.7 中可以看到，随着系统所要求的误码率的降低，约束条件在降低，因此，系统总的传输速率在增大，同时也说明系统可以有效适应不同误码率限制情况下的功率分配，本节算法的求解结果优于文献[14]的算法。

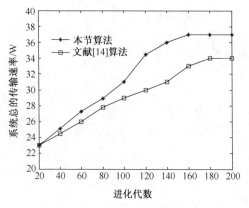

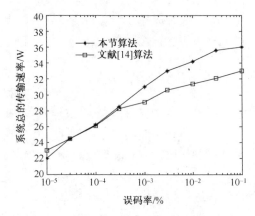

图 10.6　进化代数与系统总传输速率的关系　　　图 10.7　误码率与系统总传输速率的关系

图 10.8 为在不同的主用户可容忍的干扰门限下，次用户总的传输功率的变化情况。从图 10.8 中可以看出，随着可容忍干扰门限的增加，允许次用户可使用的发射功率在增大，因此，系统总的传输功率在增大。随着主用户可容忍的干扰门限的增大，本节算法表现出了较好的运行性能。

图 10.9 给出了系统总的传输速率随着最大功率约束的变化曲线。从图 10.9 中可以看出，随着认知用户发射功率约束的增大，系统总的传输速率在增大，本节算法较优于文献[14]算法。

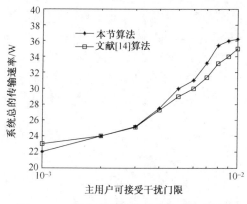

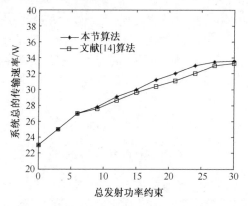

图 10.8　干扰门限与系统总传输速率的关系　　　图 10.9　发射功率约束与系统总传输速率的关系

10.3.7　小结

本节提出了一种基于免疫克隆规划的多用户认知 OFDM 功率分配方案。实验结果表明，在满足主用户可容忍干扰、总功率限制和误码率的要求下，本节算法可以最大化系统总的传输速率，同时收敛速度较快，可以对认知无线网络中的功率分配进行有效优化。

10.4　联合子载波和功率的比例公平资源分配

10.4.1　问题描述

前面的研究分别考虑了不同准则下的子载波分配和功率分配，均取得了较好的求解效果。在混合业务中，认知 OFDM 网络中多用户资源分配涉及子载波、功率的联合分配问题，子载波和功率进行联合分配才能获得最优解。一方面，可用子载波数目有限，另一方面，考虑到此用户的干扰，认知用户本身的传输功率受限。在一个具有 M 个用户和 N 个子载波的系统中，共有 M^N 种子载波分配方法。在 RA 模式下，最大系统容量的分配方式才是全局最优解，相应的子载波分配和功率分配才是最优资源分配方式。显然，这是一个较为复杂的优化问题，寻求全局最优解的计算复杂度非常高。文献[17]提出一种基于贪婪策略的最优算法，求解效果较好但复杂度过高。为了降低算法的复杂度，文献[18]～文献[20]均采用次优的两阶段资源分配方法，即先将子载波分配给用户，然后分配功率给不同的子载波，取得了与最优分配算法接近的性能，但由于减少了变量个数，复杂度大大降低。认知无线网络的资源分配问题实际上是一个非线性优化问题，适合用智能方法求解[21]。此外，文献[18]～文献[21]均没有考虑次用户对资源需求的公平性，导致某些情况下次用户可能接收不到任何系统资源。而实际中不同次用户有不同的速率要求，这可以通过预先设定不同的比例公平来实现[22]。

基于此，本节采用已有研究中采用的两阶段资源分配策略，将其建模为一个约束优化问题。本节算法充分考虑了认知无线网络资源分配中主用户可接受的干扰门限值，并预先设定次用户所需的服务级别，设计了一种子载波分配方案，并给出一种改进的免疫优化求解方法，确保用户资源分配的公平性。仿真实验表明，在总发射功率、误码率和主用户可接受的干扰约束下，本节算法可以获得与最优资源分配方法接近的系统吞吐量，同时兼顾了次用户对数据分配的公平性需求，在最大化系统吞吐量和次用户需求的公平性之间取得了较好的均衡。

10.4.2　比例公平资源分配模型

认知无线网络中，资源分配问题的优化目标为：在主用户可容忍（接受）干扰门限、总发射功率和误码率的限制下，最大化系统总的吞吐量（也称为次用户总的传输速率/总的传输比特位数），以提高频谱利用率[18-22]。假设在基于 OFDM 技术的认知无线网络中，一个基站的服务范围包括 1 个主用户和 M 个次用户，现共得到 N 个可用子载波，设系统总的吞吐量为 R_{sum}，每个次用户 $m(1 \leqslant m \leqslant M)$ 的吞吐量（传输速率）为 R_m，则资源分配问题可以建模为

$$\max R_{\text{sum}} = \max \sum_{m=1}^{M} R_m$$

进一步，设 $b_{m,n}$ 表示一个符号周期内，用户 m 在第 $n(1 \leqslant n \leqslant N)$ 个子载波上的最大吞吐量（传输速率/位数），$\lambda_{m,n}$ 是子载波分配状态变量，当第 n 个子载波被用户 m 占用时，$\lambda_{m,n}=1$，反之为 0，有

$$R_m = \sum_{n=1}^{N} \lambda_{m,n} b_{m,n}$$

由上面两个公式，则有

$$\max R_{\text{sum}} = \max \sum_{m=1}^{M} R_m = \max \sum_{m=1}^{M} \sum_{n=1}^{N} \lambda_{m,n} b_{m,n}$$

在一个 OFDM 符号周期内，用户 m 在子载波 n 上的最大吞吐量为[23]

$$b_{m,n} = \left\lfloor \log_2 \left(1 + \frac{p_{m,n} g_{m,n}^2}{\delta(N_0 W_c + S_{m,n})} \right) \right\rfloor$$

式中，$\lfloor\ \rfloor$ 表示向上取整；$p_{m,n}$ 表示用户 m 在子载波 n 上的功率；$g_{m,n}$ 为用户 m 在子载波 n 上的信道增益；N_0 表示对所有用户和子载波都相同的噪声频谱密度功率，各子载波的带宽为 W_c；δ 表示传输的误码率，在物理层采用 MQAM 时，$\delta = -\ln(5p_e)/1.5$[15]，$S_{m,n}$ 表示主用户对次用户的干扰。

通过上面的分析，本节研究的认知无线网络资源分配问题建模为

$$\max \sum_{n=1}^{N} \sum_{m=1}^{M} b_{m,n} \lambda_{m,n} = \max \sum_{n=1}^{N} \sum_{m=1}^{M} \lambda_{m,n} \left\lfloor \log_2 \left(1 + \frac{p_{m,n} g_{m,n}^2}{\delta(N_0 W_c + S_{m,n})} \right) \right\rfloor \tag{10.3}$$

$$\text{s.t.} \quad \sum_{m=1}^{M} \lambda_{m,n} \leqslant 1, \quad \lambda_{m,n} = \begin{cases} 0, & b_{m,n} = 0 \\ 1, & b_{m,n} \neq 0 \end{cases} \tag{10.3a}$$

$$\sum_{n=1}^{N}\sum_{m=1}^{M} p_{m,n} \leqslant p_{\text{total}} \tag{10.3b}$$

$$\sum_{m=1}^{M}\sum_{n=1}^{N} \lambda_{m,n} p_{m,n} I_n \leqslant I_{\text{th}} \tag{10.3c}$$

$$R_1 : R_2 : \cdots : R_M = \alpha_1 : \alpha_2 : \cdots : \alpha_M \tag{10.3d}$$

式中，约束条件（10.3a）表示一个子载波只能被一个用户占用；约束条件（10.3b）表示所有次用户发送的功率 $p_{m,n}$ 之和不能超过系统总功率上限 p_{total}；约束条件（10.3c）表示所有次用户对主用户的干扰，不能超过其可容忍的干扰上限 I_{th}，I_n 表示在子载波 n 上，次用户对主用户的干扰因子；约束条件（10.3d）表示次用户需要的不同级别的吞吐量，$\alpha_m (1 < m < M)$ 是预先给定的数值，以保证总速率在用户间呈比例分配。

公平性指标定义为[22, 24]

$$F = \frac{\left(\sum_{i=1}^{M} \dfrac{R_m}{\alpha_m} \right)^2}{M \sum_{i=1}^{M} \left(\dfrac{R_m}{\alpha_m} \right)^2} \tag{10.4}$$

其最大值为 1，对应于最大公平。

通过前面的分析可见，资源分配包括子载波分配和功率分配两个过程。本节问题即转换为在满足各种约束条件的前提下，求解次用户对应的子载波分配方案 $b_{m,n}$ 和功率分配方案 $p_{m,n}$，使得系统吞吐量最大并保证次用户需求的公平性。

10.4.3　基于免疫优化的资源分配实现过程

本节算法的基本思路如下：假设总功率在所有子载波间均等分布，先将子载波分配给次用户，达到初步分配公平，然后通过免疫优化算法对功率进行优化分配，达到最大化系统吞吐量的同时满足次用户比例公平性需求。约束条件通过在优化过程中，对解的修正进行处理。

1. 子载波分配方案

子载波分配问题就是在满足各种约束条件下，将不同子载波分配给次用户的过程。已有的子载波分配方法，是将子载波分配给可以获得最大信道增益的次用户，这样可能造成次用户对主用户的干扰增益增大，使得次用户更多地受到主用户发射功率的限制，反而得不到理想的速率[25-28]。本节综合考虑次用户本身链路与主用户干扰链路的影响，设计了一种在主用户干扰门限下，充分考虑次用户分配公平性的子载波分配方案。

从上面的分析可知，次用户 m 在子载波 n 上传输一个数据位所需要的增量功率为

$$\Delta p_{m,n} = \frac{N_0 W_c + S_{m,n}}{g_{m,n}^2} 2^{b_{m,n}}$$

相应地，此增量功率对主用户造成的干扰为

$$\Delta I_{m,n} = \Delta p_{m,n} I_n$$

假设 N_m 表示分配给次用户 m 的子载波集合，$\varnothing$ 表示空集，$E = \{1, 2, \cdots, N\}$ 为总的子载波集合，用 n_p、n_I 分别表示产生最小发射功率增量和最小主用户干扰增量的子载波，R_m 为用户 m 的吞吐量（速率），$b_{m,n}$ 表示用户 m 在第 $n(1 \leqslant n \leqslant N)$ 个子载波上的吞吐量（传输位数），$P_{\min}$ 为次用户传输数据所需的最小功率，I 为干扰变量。

具体分配过程如下。

（1）初始化 $R_m = 0, b_{m,n} = 0$，$N_m = \varnothing$，$P_{\min} = 0, I = 0$，计算 $\Delta p_{m,n}$、$\Delta I_{m,n}(m \in [1, M]$，$n \in [1, N])$。

（2）对所有的 $m \in [1, M]$，执行以下操作。

① 寻找 $m* = \arg\min_m R_m / a_m$（满足 $\dfrac{R_m}{a_m} \leqslant \dfrac{R_l}{a_l}, l \in [1, M]$，记为 $m*$）。

② 寻找 $n_I = \arg\min_n \Delta I_{m*n}$（寻找对主用户干扰最小的子载波 n_I）。

③ 如果 $p + \Delta I_{m*n_p} \leqslant p_{\text{total}}$，且 $I + \Delta I_{m*n_I} \leqslant I_{\text{th}}$，执行下面的操作。

a. $R_{m*} = R_{m*} + 1, I = I + \Delta I_{m*n_I}$。

b. $P_{\min} = P_{\min} + \Delta I_{m*n_I} / I_{n_I}$。

c. $b_{m*n_I} = b_{m*n_I} + 1$，计算 ΔI_{m*n_I}。

d. $N_m = N_m \bigcup \{n_I\}, E = E - \{n_I\}$；设置 $\lambda_{m,n} = 1$。

e. 判断 $E = \varnothing$ 是否成立，如果成立，输出 N_m，则子载波分配结束；否则对于所有的 $m \neq m*$，设置 $\Delta I_{mn_I} = \infty$；转到第①步。

④ 如果 $I + \Delta I_{m*n_I} > I_{\text{th}}$ 或 $p + \Delta p_{m*n_I} > p_{\text{total}}$，则有

$$m*' = \arg\min_m R_m / a_m (m \neq m*), m* = m*'$$

即设置 $m*$ 为下一个具有较高 R_m / a_m 比值的用户，返回第②步。

算法基本流程如图 10.10 所示。

子载波分配结束后，可以粗略实现用户间数据吞吐量分配的比例公平性。进一步，通过下面设计的基于免疫优化的功率分配来实现最大化系统吞吐量的同时满足次用户速率比例公平性需求。

此外，子载波分配结束后，每个次用户 $m(1 \leqslant m \leqslant M)$ 最终获得的最大吞吐量为

$$R_m = \sum_{n=1}^{N_m} \lambda_{m,n} b_{m,n} = \sum_{n=1}^{N_m} \left\lfloor \log_2 \left(1 + \frac{p_{m,n} g_{m,n}^2}{\delta(N_0 W_c + S_{m,n})} \right) \right\rfloor \tag{10.5}$$

式中，N_m 表示第 m 个用户分配到的子载波个数。

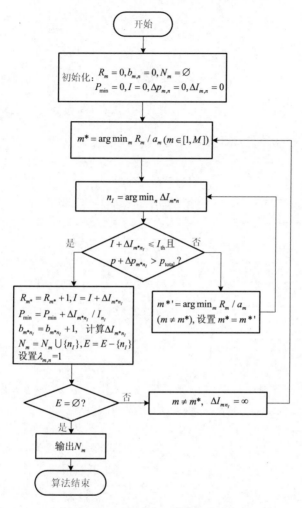

图 10.10　子载波分配算法基本流程

2. 基于免疫优化的功率分配实现关键技术

利用免疫算法求解功率分配问题，主要关键技术如下。

1）编码方式

编码方式是利用免疫算法求解问题的一个关键技术。由于算法的目的是求得功率分配方案 $p_{m,n}$，因此，用一个 $M \times N$ 的矩阵编码表示，式中矩阵的行表示次用户 $m(m = 1, 2, \cdots, M)$，列表示子载波 $n(n = 1, 2, \cdots, N)$，矩阵的每个元素 $p_{m,n}$ 表示用户 m 在第 n 个载波上获得的功率，即

$$\boldsymbol{P} = \begin{bmatrix} p_{1,1} & p_{1,2} & \cdots & p_{1,N-1} & p_{1,N} \\ p_{2,1} & p_{2,2} & \cdots & p_{2,N-1} & P_{2,N} \\ \vdots & \vdots & & \vdots & \vdots \\ p_{M,1} & p_{M,2} & \cdots & p_{M,N-1} & p_{M,N} \end{bmatrix}$$

　　由于子载波分配结束后，分配给每个用户的子载波数 N_m 已经确定，并且子载波分配过程中功率均等分配，所以，每个用户的初始功率为 $p_{m,n} \in \left[0, \dfrac{N_m}{N} p_{\text{total}}\right]$。根据此先验知识进行抗体种群的初始化，可以加快算法的收敛速度，后面的实验也证明了这一点。根据约束条件（10.3a）可知，一个子载波只能被一个用户占用，表现在编码矩阵中，则为矩阵的每列只能有一个非零元素。经过编码后，一个抗体代表一种功率分配方案。

　　2）抗体种群初始化

　　按照编码方式，随机产生抗体组成初始抗体种群。对产出的每个抗体，进行满足最大功率 p_{total} 约束（约束条件（10.3c））的处理，即计算 $\sum\limits_{n=1}^{N}\sum\limits_{m=1}^{M} p_{m,n}$，满足约束条件的抗体作为候选抗体。

　　3）亲和度函数设计

　　本节的优化目标为最大化总传输速率，同时需要考虑用户间的分配公平性（约束条件（10.3d）），因此，对适应度函数进行如下分析和定义。

　　从式（10.5）可以看出，R_m 可由分配矩阵 $\boldsymbol{P}$ 计算得到，因此可以根据抗体种群的初始化结果计算出每个用户的速率 R_m，进而可以求出比例速率和系统总的吞吐量。根据公平性的定义（式10.4），公平性越大的分配矩阵 $\boldsymbol{P}$，其亲和度函数越大，因此将式（10.4）作为评价抗体亲和度的函数。

　　3. 基于免疫优化的功率分配算法具体实现

　　算法基本流程如图 10.11 所示。
　　具体实现过程如下。
　　（1）初始化。
　　设进化代数 t 为 0，按照 10.2 节的方法初始化种群 A，规模为 k，则初始化种群记为 $A(t) = (p_1(t), p_2(t), \cdots, p_k(t))$，这里，$p_i(1 \leqslant i \leqslant k)$

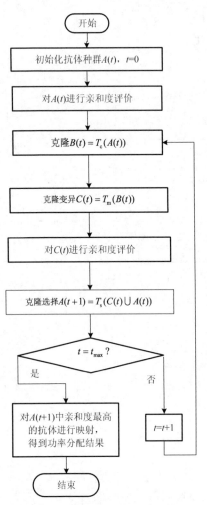

图 10.11　功率分配算法基本流程图

是一个候选功率分配方案；给定算法最大进化代数 $t_{\max}$。

（2）亲和度评价。

对抗体种群 $A(t)$ 进行亲和度评价，计算每个抗体的亲和度 $f(p_i(t))(1 < i < k)$。

（3）对 $A(t)$ 克隆扩增 T_c，形成 $B(t)$。

克隆操作 T_c 定义为

$$B(t) = T_c(A(t)) = [T_c(p_1(t)), T_c(p_2(t)), \cdots, T_c(p_k(t))]$$

本节采用常数克隆，克隆规模记为 q。克隆之后，种群

$$B(t) = \{p_1'(t), p_2'(t), \cdots, p_z'(t)\}$$

式中，$z = kq$。

（4）克隆变异 T_m。

克隆变异定义为 $C(t) = T_m(B(t))$。本节设计了一种自适应变异概率，将进化代数与

进化概率关联起来，即 $m_p = m_p \times \left(1 - \dfrac{t}{t_{\max}}\right)$，$t$ 是当前进化代数，$t_{\max}$ 是最大进化代数。

其优势在于在进化初期，进行大范围搜索；在进化后期，进行局部小范围搜索，可以

加快进化过程[29]。变异之后，种群记为

$$C(t) = \{p_1''(t), p_2''(t), \cdots, p_z''(t)\}$$

本节中，变异通过交换矩阵 P 中任意两列的非零元素实现。这种变异方式易于实现并且不会破坏约束条件。它保证了每个子载波只分配给一个次用户并且所有通过变异产生的个体仍然满足约束条件，即它们仍是可行的功率分配方案。一个简单的例子如下，式中第 2 列和第 $N-1$ 列进行交换，变异之后 P' 变成了 P''。实际上，变异意味着交换两个次用户的功率分配方案，即

$$P' = \begin{bmatrix} p_{1,1} & p_{1,2} & \cdots & p_{1,N-1} & p_{1,N} \\ p_{2,1} & p_{2,2} & \cdots & p_{2,N-1} & p_{2,N} \\ \vdots & \vdots & & \vdots & \vdots \\ p_{M-1,1} & p_{M-1,2} & \cdots & p_{M-1,N-1} & p_{M-1,N} \\ p_{M,1} & p_{M,2} & \cdots & p_{M,N-1} & p_{M,N} \end{bmatrix}$$

$$P'' = \begin{bmatrix} p_{1,1} & p_{1,N-1} & \cdots & p_{1,2} & p_{1,N} \\ p_{2,1} & p_{2,N-1} & \cdots & p_{2,2} & p_{2,N} \\ \vdots & \vdots & & \vdots & \vdots \\ p_{M-1,1} & p_{M-1,N-1} & \cdots & p_{M-1,2} & p_{M-1,N} \\ p_{M,1} & p_{M,N-1} & \cdots & p_{M,2} & p_{M,N} \end{bmatrix}$$

（5）对抗体种群 $C(t)$ 进行亲和度评价。

$$f(C(t)) = (f(p_1''(t), f(p_2''(t)), \cdots, f(p_z''(t)))$$

（6）定义克隆选择 T_s 。

$$A(t+1) = T_s(C(t) \bigcup A(t)) = (p_1(t+1), p_2(t+1), \cdots, p_k(t+1))$$

即选择 k 个亲和度高的抗体组成下一代种群 $A(t+1)$ 。

（7）终止条件判断。

如果达到最大进化次数 $t_{\max}$ ，则算法终止，将种群 $A(t+1)$ 中亲和度最高的抗体进行解码输出，即得到了最佳的功率分配方案；否则 $t = t+1$ ，转到第（3）步。

免疫优化后，系统总发射功率在用户之间合理分布，满足了用户之间的比例公平性需求。

4. 算法特点分析

（1）设计了适合问题表示的抗体编码方式，直观并易于实现。
（2）将先验知识加入抗体种群的初始化，有利于算法快速收敛。
（3）非均匀变异算子的使用，使得变异操作与进化代数相结合，减少了变异的盲目性，进一步加快了收敛速度。

10.4.4　仿真实验结果与分析

1）实验环境和参数设置

实验环境为 Windows XP 系统，采用 MATLAB 7.0 编程实现。假设系统为多径频率选择性衰落信道，各子载波的信道增益 $g_{m,n}$ 服从平均信道增益为 1 的瑞利衰落，假设有 1 个主用户和 M 个次用户，次用户带宽为 5Hz，由 16 个子载波组成，各子载波的带宽为 $W_c = 0.315\text{MHz}$ ，次用户的误码率 p_e 设置为 10^{-3} ，进而可以得到 δ 为 5dB；加性高斯白噪声的功率谱密度 $N_0 = 10^{-7}\,\text{W/Hz}$ ，主用户对次用户的干扰 $S_{m,n} = 10^{-6}\,\text{W}$ 。为了充分验证在不同的约束条件限制下系统的性能，所有次用户总发射功率 $P_{\text{total}} = 0.5 \sim 1.5\text{W}$ ， $I_{th}^n = 10^{-3} \sim 10^{-2}\text{W}$ ，次用户数 $M = 2 \sim 20$ 个。

通过反复实验，免疫克隆算法的参数设置为最大进化代数 $t_{\max} = 200$ ；种群规模 $k = 30$ ，抗体编码长度等于子载波的个数（ $N = 16$ ），克隆系数 $q = 4$ 。

实验中，比例吞吐量（速率）约束限制设置与文献[22]中保持一致。假设次用户数为 $M = 4$ ，具体设置如表 10.1 所示。

表 10.1　比例速率约束设置

编号	比例速率设置	编号	比例速率设置
1	$\alpha_1 : \alpha_2 : \alpha_3 : \alpha_4 = 1:1:1:1$	3	$\alpha_1 : \alpha_2 : \alpha_3 : \alpha_4 = 1:1:1:8$
2	$\alpha_1 : \alpha_2 : \alpha_3 : \alpha_4 = 1:2:4:8$	4	$\alpha_1 : \alpha_2 : \alpha_3 : \alpha_4 = 1:1:1:16$

2）算法性能分析

为了验证算法的性能，在相同的参数设置下，与实验环境设置相同的代表性文献[21]和文献[22]进行对比。文献[21]是一种系统速率最大的优秀算法，而文献[22]是一种考虑了公平性的资源分配算法，具有很好的性能和代表性。

实验首先验证了本节算法的性能，结果如图 10.12～图 10.14 所示。

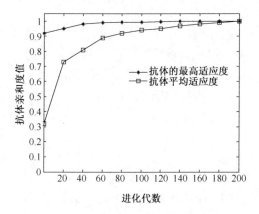

图 10.12　进化代数与抗体种群亲和度的关系　　　图 10.13　次用户数与系统总的吞吐量关系

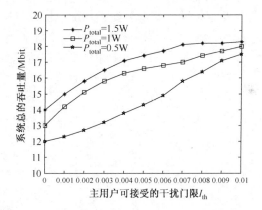

图 10.14　主用户可接受的干扰门限与系统的吞吐量

图 10.12 所示为本节算法进化代数与抗体亲和度值之间的关系。从图 10.12 中可以看出，随着进化代数的增加，个体的平均亲和度逐渐收敛于最大亲和度，说明本节算法能够实现用户之间的吞吐量呈比例分配。此外，从图 10.12 中也可以看出，算法能较快收敛，这是由于子载波分配结束后，用户间的比例吞吐量要求已经基本得到满足，把这些先验知识加入初始抗体种群，以及针对资源分配问题设计的各种免疫算子加快了算法的收敛速度。理论分析和实验结果是一致的。

图 10.13 为在不同的干扰门限 I_{th} 下，次用户数与系统总速率的关系。此时假设

$P_{\text{total}} = 1\text{W}$，其他参数设置如 10.4.3 节，比例速率要求为编号 1。从图 10.13 中可以看出，由于本节算法子载波的选择过程充分考虑了次用户对主用户链路的干扰，所以随着次用户数的增多，系统总吞吐量逐渐增加，这也是多用户分集效果的体现，但受到子载波数目的限制，速率增加的程度越来越慢。同时，主用户可以忍受的干扰值 I_{th} 越大，则允许次用户的发射功率越高，系统的总吞吐量（次用户总的传输功率、传输速率）就越高，这是合理的。

图 10.14 为在次用户个数为 4，在主用户可接受的不同干扰约束 I_{th} 下（其他参数设置如 10.4.3 节，比例速率要求为编号 1），系统总的吞吐量变化示意图。从图 10.14 中可以看出，随着 P_{total} 增高，系统总的吞吐量在增加，但总体差距越来越小。这是因为随着干扰容量的增加，系统变得干扰受限，可用来为次用户进行传输的功率不再是主要限制因素。而对于给定的功率值，速率总和增加到一个限制值，系统不再受主用户可以接受的干扰功率限制。

图 10.15 和图 10.16 为本节算法与文献[21]和文献[22]算法的吞吐量与公平性比较。图 10.15 所示为不同公平性比例速率限制下，系统的总吞吐量示意图，参数的设置为 $P_{\text{total}} = 0.1\text{W}$，$I_{\text{th}} = 0.01\text{W}$，其他参数设置如 10.4.3 节所示。从图 10.15 中可以看出，文献[21]可以最大化系统容量，但由于没有考虑用户的公平性，所以总容量保持不变。而本节算法总容量随着速率限制条件的变化而变化，这是因为比例速率编号从 1 到 4，更多的资源被分配给了用户 4，此时资源分配不均衡，用户多样性的减少，使得总容量也随之减少。同样也可以看出，在同样的比例公平性限制下，本节算法可以比文献[22]得到更高的总吞吐量，说明本节算法在吞吐量和公平性均衡方面取得了较好均衡。

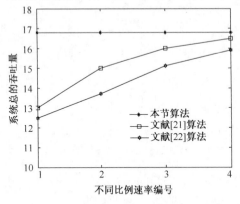

图 10.15 不同比例速率下系统的总吞吐量

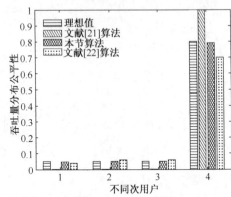

图 10.16 用户数与吞吐量分布公平性的关系

图 10.16 直观地显示了用户速率之比为 $\alpha_1 : \alpha_2 : \alpha_3 : \alpha_4 = 1:1:1:16$ 时总吞吐量在用户之间的分布。图 10.16 中第 1 列表示理想分布，即总吞吐量按照用户的速率之比的分布，其值为 $F_m' = \alpha_m \bigg/ \sum_{i=1}^{M} \alpha_i$，而每个用户实际获得的比例公平性等于该用户所获得的

实际吞吐量（速率）比上所有用户的吞吐量之和，表示为 $F_m'' = R_m \Big/ \sum\limits_{i=1}^{M} R_i$，第 2 列表示文献[21]算法，第 3 列表示本节算法，第 4 列表示文献[22]算法。

从图 10.16 中可以看出，本节算法使得总容量在用户之间呈比例分布，非常接近于理想的比例分布，比文献[22]算法分布更加公平。而文献[21]中的算法由于没有考虑比例公平速率要求，将每一个载波都分配给其上信道增益最大的次用户，因此，当次用户 4 的信道条件好于所有其他用户的时候，次用户 4 将占用几乎所有的系统资源，而其他次用户几乎接收不到任何数据。

10.4.5　小结

本节提出了基于免疫优化算法的认知无线网络资源分配算法。算法充分考虑了主用户的可容忍门限和不同次用户对速率的不同需求。实验结果表明，在满足主用户可容忍干扰、总功率限制和误码率的要求下，本节算法可以获得与最优资源分配方法接近的系统吞吐量，同时兼顾了次用户对数据分配的公平性需求，在最大化系统吞吐量和次用户需求的公平性之间取得了较好均衡。

10.5　本 章 小 结

本章主要介绍了认知无线网络中基于 OFDM 的资源分配问题。针对子载波资源的分配问题、功率分配问题、载波和功率的联合分配问题，设计了相应的免疫优化算法。仿真结果表明了算法的有效性。

参 考 文 献

[1] Haykin S. Cognitive radio: Brain empowered wireless communications. IEEE Journal on Selected Areas in Communications, 2008, 23(2): 201-220.

[2] Mahmoud H A, Yucek T, Arslan H. OFDM for cognitive radio: Merits and challenges. IEEE Wireless Communications Magazine, 2009, 16(2): 6-15.

[3] Tarcisio F M, Anja K. On the performance, complexity, and fairness of suboptimal resource allocation for multi-user MIMO-OFDMA systems. IEEE Transactions on Vehicular Technology, 2010, 59(1): 832-839.

[4] 周杰, 俎云霄. 一种用于认知无线电资源分配的并行遗传算法. 物理学报, 2010, 59(10): 7508-7515.

[5] Almalfouh S M, Stüber G L. Interference aware radio resource allocation in OFDMA based cognitive radio networks. IEEE Transactions on Vehicular Technology, 2011, 60(4): 1699-1713.

[6] 张然然, 刘元安. 认知无线电下行链路中 OFDMA 资源分配算法. 电子学报, 2010, 38(3): 632-637.

[7] Shi J, Xu W J, He Z Q, et al. Resource allocation based on genetic algorithm for multi-hop OFDM

system with non-regenerative relaying. The Journal of China Universities of Posts and Telecommunications, 2009, 9(10): 7508-7515.

[8]　Xi K, Liang Y C. A optimal power allocation for fading channels in cognitive radio networks: Ergodic capacity and outage capacity. IEEE Transaction on Wireless Communication, 2009, 8(2): 940-950.

[9]　Ge W D, Ji H. Optimal power allocation for multi-user OFDM and distributed antenna cognitive radio with RoF. Journal of China Universities of Posts and Telecommunications, 2010, 18(9): 897-1013.

[10]　俎云霄, 周杰. 基于组合混沌遗传算法的认知无线电资源分配. 物理学报, 2011, 60(7): 079501-079508.

[11]　Renk T, Kloeck C, Burgkhardt D. Bio-inspired algorithms for dynamic resource allocation in cognitive wireless networks. Mobile Networks and Applications, 2008, 13(5): 431-441.

[12]　He A, Bae K K. A Survey of artificial intelligence for cognitive radios. IEEE Transactions on Vehicular Technology, 2010, 59(4): 2132-2139.

[13]　Zhang Y H, Leung C. A distributed algorithm for resource allocation in OFDM cognitive radio systems. IEEE Transactions on Vehicular Technology, 2011, 60(2): 546-554.

[14]　Zu Y X, Zhou J, Zeng C C. Cognitive radio resource allocation based on coupled chaotic genetic algorithm. Chinese Physics B, 2010, 19(11): 119501-8.

[15]　兰海燕, 杨莘元, 刘海波, 等. 基于文化算法的多用户 OFDM 系统资源分配. 吉林大学学报(工学版), 2011, 41(1): 226-230.

[16]　Gong M G, Jiao L C. Baldwinian learning in clonal selection algorithm for optimization. Information Sciences, 2010, 180(18): 1218-1236.

[17]　Peng C, Zu Z, Pi Q. Optimal distributed joint frequency, rate, and power allocation in cognitive OFDMA. IET Communication, 2008, 2(6): 815-826.

[18]　周广素, 吴启晖. 认知 OFDM 系统中具有 QoS 要求的自适应资源分配算法. 解放军理工大学学报(自然科学版), 2010, 11(6): 608-612.

[19]　Xi K, Liang Y C, Nallanathan A. Optimal power allocation for fading channels in cognitive radio networks: Ergodic capacity and outage capacity. IEEE Transaction on Wireless Communication, 2009, 8(2): 21-29.

[20]　Jiang Y Q, Shen M, Zhou Y P. Two-dimensional water-filling power allocation algorithm for MIMO-OFDM systems. Science China: Information Sciences, 2010, 43(6): 1123-1128.

[21]　Wang W, Wang W B. A resource allocation scheme for OFDMA-based cognitive radio networks. International Journal of Communications System, 2010, 22(5): 603-623.

[22]　Shaat M, Bader F. Fair and efficient resource allocation algorithm for uplink multi-carrier based cognitive networks. IEEE International Symposium on Personal, Indoor and Mobile Radio Communications, 2010: 1212-1217.

[23]　唐伦, 曾孝平, 陈前斌, 等. 认知无线网络基于正交频分复用的子载波和功率分配策略. 重庆大学学报, 2010, 33(8): 17-22.

[24]　许文俊, 贺志强, 牛凯. OFDM 系统中考虑信源编码特性的多播资源分配方案. 通信学报, 2010,

31(8): 52-59.

[25] Zhang R, Cui S G, Ying C L. On ergodic sum capacity of fading cognitive multiple-access and broadcast channels. IEEE Transaction on Information Theory, 2009, 55(11): 5161-5178.

[26] Wu D, Cai Y M, Sheng Y M. Joint subcarrier and power allocation in uplink OFDMA systems based on stochastic game. Science China: Information Sciences, 2010, 43(12): 3211-3218.

[27] Sharma N, Tarcar A K, Thomas V A, et al. On the use of particle swarm optimization for adaptive resource allocation in orthogonal frequency division multiple access systems with proportional rate constraints. Information Science, 2011, 23(12): 1324-1331.

[28] Gong M G, Jiao L C, Ma W P, et al. Intelligent multi-user detection using an artificial immune system. Science China: Information Sciences, 2009, 52(12): 2342-2353.

[29] Gong M G, Jiao L C, Zhang L N.Immune secondary response and clonal selection inspired optimizers. Progress in Natural Science, 2009, 19(2): 237-253.